技术专著系列

西北勘测设计研究院有限公司
NORTHWEST ENGINEERING CORPORATION LIMITED

水工钢闸门
数字化设计新技术

西北农林科技大学　旱区寒区水工程安全研究中心

王正中　赵春龙　张雪才　李梦　著

中国水利水电出版社
www.waterpub.com.cn
·北京·

内 容 提 要

本书系统总结了西北农林科技大学和中国电建集团西北勘测设计研究院有限公司近年来在水工钢闸门设计理论与数字化新技术方面的最新研究成果。全书共分 7 章，首先介绍了水工钢闸门数字化设计的综合应用现状、基础知识、计算理论和设计方法；其次阐述了如何利用 BIM 设计平台进行参数化设计、钢闸门标准模板库建设和管理、三维工程图表达、CAD/CAE 一体化分析、软件二次开发等内容；进一步结合工程实际案例，介绍在表孔、潜孔平面钢闸门以及三支臂和二支臂弧形钢闸门的数字化设计中的工程应用；最后重点对数字化理论和设计成果进行转化，形成专业化定制软件系统，并提出了水工钢闸门全生命周期数字化设计深化应用和技术展望。

本书旨在为数字化设计和 BIM 技术推广应用提供借鉴，内容系统全面，理论研究与工程实践结合。本书介绍的新技术先进实用，是行业发展主流方向，可供水工钢闸门和水利水电工程数字化设计人员参考使用，也可作为高等院校相关专业师生教学研究的参考用书。

图书在版编目（ＣＩＰ）数据

水工钢闸门数字化设计新技术 / 王正中等著. -- 北京 : 中国水利水电出版社, 2021.12
ISBN 978-7-5226-0294-3

Ⅰ. ①水… Ⅱ. ①王… Ⅲ. ①钢闸门—计算机辅助设计 Ⅳ. ①TV663-39

中国版本图书馆CIP数据核字(2021)第252365号

书　　名	**水工钢闸门数字化设计新技术** SHUIGONG GANGZHAMEN SHUZIHUA SHEJI XIN JISHU
作　　者	王正中　赵春龙　张雪才　李　梦　著
出版发行	中国水利水电出版社 （北京市海淀区玉渊潭南路 1 号 D 座　100038） 网址：www.waterpub.com.cn E-mail：sales@mwr.gov.cn 电话：（010）68545888（营销中心）
经　　售	北京科水图书销售有限公司 电话：（010）68545874、63202643 全国各地新华书店和相关出版物销售网点
排　　版	中国水利水电出版社微机排版中心
印　　刷	清淞永业（天津）印刷有限公司
规　　格	184mm×260mm　16 开本　12 印张　292 千字
版　　次	2021 年 12 月第 1 版　2021 年 12 月第 1 次印刷
定　　价	**62.00 元**

前言

建筑信息模型（building information modeling，BIM）于 20 世纪 70 年代由 Chuck Eastman 提出。BIM 的核心是运用计算机技术、信息技术和网络技术整合建筑技术和流程，提高建筑业整体管理水平，使工程建设全过程能够参数化、可视化、集成化、精益化和智能化；全过程应用三维、实时、动态的模型涵盖几何信息、空间信息、地理信息、各种建筑组件的性质信息以及工料信息等。BIM 能够极大地提升工程决策、规划、设计、施工和运营管理水平，提高工程质量和投资效益，因而被世界各国建筑行业逐渐大力推广使用。

从计算机辅助化和信息化水平来看，水利水电工程钢闸门设计可大致分为 3 个发展阶段：20 世纪 80 年代以前，我国钢闸门的设计基本处于图板平面设计阶段，设计人员依据闸门设计规范徒手进行计算和手工绘图，很少能够将计算机技术融入闸门设计工作中；20 世纪 80 年代—20 世纪末，随着计算机和计算机平面绘图技术的普及，钢闸门的设计开始从手工绘图向 CAD 平面设计过渡；进入 21 世纪以后，钢闸门设计从二维 CAD 辅助设计逐渐走向三维数字化设计阶段。此时，以三维可视化、参数化设计、协同管理等为代表的 BIM 新技术在国内各行业突飞猛进地发展。

水利水电工程为传统建筑行业，BIM 技术应用俨然成为近年来的发展趋势。但水利水电工程普遍建设在山川河谷中，要做到因地制宜，其设计各具特殊性。由于工程涵盖专业和参与主体众多，信息资源庞大，BIM 技术在水利水电工程全生命周期应用极为复杂，目前 BIM 技术各阶段的应用还处于探索阶段。而水工金属结构属于工厂化结构，零部件众多，特别适合应用 BIM 技术，因此更应优先探索和发展数字化设计。近年来，随着结构有限元、优化理论的日趋成熟，特别是我国 BIM 标准框架体系的建立及国家"十四五"等宏观政策的出台，BIM 数字化技术在工程建设领域不断深入应用，为解决水工钢闸门数字化设计问题提供了理论与技术支持。

传统钢闸门设计基本经历了从资料收集与分析、闸门选型与布置、门体及零部件设计计算到图纸绘制等过程。鉴于当前闸门传统设计工作中存在的设计方法不够先进合理，设计任务量大、效率低，设计与数字化工程建设需求脱节等问题，同时考虑到现有研究成果难以满足生产高效、功能多样化的需求，根据钢闸门的构造特征及设计基本要求，探索形成了一套技术可行，使用方便、高效的钢闸门数字化设计分析方法。钢闸门数字化设计分析方法是在继承传统设计过程的基础上，将 BIM 技术与结构有限元分析（finite element analysis，FEA）功能融入，并以分析结果反馈指导修改设计，最终完成产品定型的过程。这个过程实现的关键在于 BIM 建模方法、模型转换方法及结构有限元分析方法的合理运用，从而实现计算方式与出图方式的实质性转变，最终在结构安全、经济合理相统一的前提下，最大程度提高闸门的设计效率，提升设计产品质量，缩短设计周期。

但是，我国钢闸门数字化设计还存在不少亟待解决的问题，主要围绕基于三维设计的图纸表达、材料清单统计及仿真计算等难点；关注的重点在软件基础功能的利用、二次开发定制、闸门的设计流程精简化及基础资源数据库的建立等方面；同时还存在很多问题，例如，缺乏钢闸门数字化设计建模技术和三维图纸表达标准，缺少成熟的数据接口和交互应用办法，一般专业技术人员应用数字化设计成果质量难以控制，三维设计成果与结构分析软件一体化（CAD/CAE 一体化）困难等，从而制约了钢闸门三维设计水平的提高，故非常有必要开发集钢闸门设计、计算、分析、出图等功能于一身的设计软件或系统平台，使各个流程之间衔接更紧密，进一步提高设计效率。

本书主要介绍了大型水工钢闸门设计理论、结构计算方法、有限元分析建模、钢闸门数字化设计方法及应用、软件二次开发等各个方面的内容，全面地阐述了钢闸门数字化设计实现的整个过程，系统地介绍了钢闸门数字化设计的基础知识和综合应用。利用 BIM 三维设计软件对钢闸门骨架设计思路、参数化设计、钢闸门标准模板设计、三维工程图表达、软件二次开发及软件系统动态交互技术等内容进行了详细阐述，为钢闸门数字化设计过程中实现参数化、标准化建设奠定了基础。结合工程实际案例，在表孔、潜孔平面钢闸门，三支臂和二支臂弧形钢闸门的数字化设计中进行了全面推广应用，取得了很好的设计成果，为钢闸门数字化设计推广提供了技术指导。可以预见，BIM 技术在水利水电工程钢闸门全生命周期的深化应用具有巨大的潜在应用价值和前景。

本书的研究成果获得国家自然科学基金的资助，并得到了中国电建集团西北勘测设计研究院有限公司、中国电建集团成都勘测设计研究院有限公司、水利部水工金属结构质量检验测试中心等有关单位的专家的大力支持与帮助。本书在撰写过程中，还得到了方寒梅、孙丹霞、廖永平教高，李岗、方超群高工的大力支持与帮助，翟超、苏立钢、刘少军、范媛等工程师在书的案例引用和排版方面做了大量工作，在此一并表示感谢！

由于时间仓促及作者水平所限，书中错误之处在所难免，盼望各位同行及广大读者多提宝贵意见。

作 者

2021 年 8 月

目录

前言

第1章　绪论 ··· 1

1.1　钢闸门数字化设计的背景和意义 ······························ 1

1.2　BIM 与钢闸门数字化设计的研究现状 ······················ 2

第2章　水工钢闸门的组成、分类与设计方法 ··················· 7

2.1　水工钢闸门的组成及分类 ······································ 7

2.2　水工钢闸门上作用的荷载及计算 ···························· 11

2.3　钢闸门的结构计算方法 ·· 17

2.4　钢闸门的设计方法 ··· 18

2.5　平面钢闸门设计及计算 ·· 19

2.6　弧形钢闸门设计及计算 ·· 28

第3章　BIM 技术基础与水工钢闸门数字化设计 ··············· 34

3.1　BIM 技术基础 ·· 34

3.2　基于 Catia 的钢闸门数字化设计 ····························· 43

3.3　Catia 钢闸门建模过程 ·· 51

3.4　钢闸门图纸模板定制 ··· 64

3.5　钢闸门资源库建设 ··· 69

第4章　水工钢闸门结构有限元分析 ···························· 83

4.1　概述 ·· 83

4.2　水工钢闸门结构有限元分析的理论与方法 ················· 83

4.3　水工钢闸门结构有限元分析的内容与流程 ················ 101

第5章　钢闸门数字化设计工程应用 ···························· 108

5.1　表孔平面检修闸门 ·· 108

5.2　潜孔平面事故闸门 ·· 122

5.3　表孔三支臂弧形钢闸门 ·· 135

5.4　潜孔直支臂弧形钢闸门 ·· 143

第6章　钢闸门数字化软件系统二次开发及工程应用 ··········· 149

6.1　钢闸门数字化软件系统开发平台简介 ······················ 149

6.2　钢闸门数字化软件系统二次开发 ··························· 150

6.3　钢闸门数字化软件系统动态交互技术 ····················· 152

6.4 钢闸门数字化软件系统工程应用 ·························· 153

第7章 钢闸门 BIM 技术的深化应用及前景展望 ·············· 164

7.1 智慧水电与智能闸门 ································· 164

7.2 基于 BIM 的水电工程项目全生命周期管理 ·············· 166

7.3 基于 BIM 的钢闸门全生命周期管理 ·················· 169

7.4 基于 BIM 的钢闸门设计制造管理 ··················· 170

7.5 基于 BIM 的闸门过程跟踪管理 ···················· 173

7.6 基于 BIM 的钢闸门施工仿真管理 ··················· 174

7.7 基于 BIM 的钢闸门智能控制管理 ··················· 175

7.8 基于 BIM 的钢闸门运行维护管理 ··················· 177

7.9 钢闸门全生命周期管理前景展望 ···················· 178

参考文献 ·· 180

第1章 绪 论

1.1 钢闸门数字化设计的背景和意义

近年来，随着经济社会的快速发展，特别是新一轮西部大开发战略的实施，水资源匮乏及分布不均衡的问题成为制约我国经济社会可持续发展的瓶颈。为缓解"水资源严重短缺"的紧迫形式[1]，我国加快落实《水利改革发展"十三五"规划》等，有力推动了水利事业的转型发展。与此同时，"一带一路"倡议进入了重要的实施阶段，促进沿线国家能源经济发展及保障水资源安全，我国水利事业迎来了新的发展机遇。

水工钢闸门作为水利水电工程的重要设备，通常布置在取水、输水、泄洪建筑物的进水、出水口，除了同大坝等建筑物一样担负正常挡水任务之外，还要根据水库防汛调度的要求承担起实时动态控制引水、发电、冲沙、泄洪等任务，其运行的安全性、适用性及可靠性直接关乎工程安危与效益。闸门在运行过程中既要承受静水、动水压力作用，还要保证启闭灵活方便，这些严苛的运行条件决定了闸门设计的复杂性。近年来高坝大库逐年增多，为了适应高坝建设新的布置形式及运行调度管理等要求，与之相配套的闸门也呈现出高水头、大型化的发展趋势，这不仅增加了闸门设计的难度，也对闸门的设计水平提出了更高的要求。同时，闸门、启闭机等配套金属结构设计出图任务极为繁重，不仅约束了本专业人员设计及优化的时间，还制约着相关专业设计的进度，会直接影响整个工程的设计效率。因此，提升水工钢闸门的设计水平与设计效率对提高工程建设及运行管理的综合效益具有重大意义。

一直以来，我国水工钢闸门的设计采用平面简化法和容许应力法，也就是把空间结构划分成几个独立的平面系统，分别按材料力学法进行强度计算[2]。该方法虽然设计计算简便，但由于未考虑结构的整体空间效应及自重效应，其计算结果往往与实际结构的真实受力状况并不相符。尤其对于大型复杂结构钢闸门，因无法反映其结构空间效应，很难实现安全性与经济性的统一，而且该方法也难以适用于超规范的新型或特型闸门设计计算。此外，就设计过程而言，由于缺少专业的水工钢闸门设计软件，一般设计步骤如下：在明确闸门结构使用要求和技术、经济合理的前提下，首先按荷载分配对门叶进行合理的结构布置；其次根据荷载情况对主要承载部件单独进行选型和结构验算；最后对连接为整体的结构进行强度、刚度及稳定性验算，若不满足规范要求，则需要重新更改设计进行人为计算，直至满足规范及构造要求后，再据此结构及断面参数用二维 CAD 进行工程制图。该过程存在的缺陷表现如下：①设计周期长、效率低、投入高，计算过程复杂、误差大且极易出错、人为计算和反复修改费时费力，不符合现代设计理念；②若提供的初始设计参数发生变化或方案变更，设计计算和图纸均须相应更新，会造成人力、物力资源的二次投入；③以文档、图纸为媒介传递信息的传统方式，信息较为分散，不利于各种信息的整合、协同、交流；④设计成果为非结构化数据，相似设计成果重复利用困难；⑤平面CAD图纸缺乏直观性，给设计和制造人员都带来很大不便。

近年来，结构有限元、优化理论的日趋成熟及 BIM（building information modeling）数字化技术在工程建设领域的深入应用，为解决上述水工钢闸门设计问题提供了理论与技术支持。其中，BIM 是近代在计算机辅助设计等技术上发展起来的一种多维模型信息集成技术，也是一种应用于设计、建造、管理的数据化工具，其核心是通过建立虚拟的建筑工程三维模型，利用数字化技术，为这个模型提供完整的、与实际情况一致的建筑信息并组成信息库。BIM 技术发展至今，由于具有可视化、可出图性、协调管理、成本和进度控制等功能，能极大地提升工程决策、规划、设计、施工和运营管理水平，减少返工浪费，有效缩短工期，提高工程质量和投资效益，因而在我国工程建设全生命周期各个阶段内广泛推行应用。

2011 年，我国住房城乡建设部发布《2011—2015 年建筑业信息化发展纲要》，第一次将 BIM 纳入信息化标准建设内容，"十三五"期间 BIM 已成为建筑业重点推广的五大信息技术之首。2019 年，我国发布行业标准《建筑工程设计信息模型制图标准》、国家标准《建筑信息模型设计交付标准》，为 BIM 产品的设计交付提供了标准依据。住房和城乡建设事业"十四五"规划重大问题也将继续围绕建筑能效提升、绿色建筑和装配式建筑发展等重点方向，重点推进 BIM、智慧化建造、装配式建筑的高速发展[3]。我国 BIM 标准框架的发布及国家上述宏观政策的出台进一步加快将 BIM 技术全面深入推向工程应用。房屋建筑领域起步早且标准化程度高，因而当前 BIM 技术在该领域发展最快，应用也最为成熟；而水利行业由于各个工程所处地质地形条件、工程结构千差万别，加之规模大、专业多、结构复杂、标准化程度低等特点，BIM 技术在该行业的应用目前还只处于探索转型阶段，但其应用已是必然的趋势。水工金属结构相比于其他水工结构应用条件更好，因此更应优先探索和发展数字化设计。

1.2　BIM 与钢闸门数字化设计的研究现状

1.2.1　BIM 的概念与研究应用现状

BIM 的出现及发展与建筑业发展息息相关。建筑业是国民经济中从事建筑安装工程的勘察、设计、施工以及对原有建筑物进行维修活动的物质生产部门，担负着创造固定物质财富的任务，为国家的经济发展做出了很大的贡献，但是在取得成就的同时也存在高消耗和高浪费的现象。造成该现象的原因主要在于各参与方信息不通畅，信息流失严重，前期预估能力不足，不能及早发现潜在问题等。要改变这种困境就必须采用先进的理念指导建设生产。通过借鉴制造业、航空航天业先进的管理理念与技术——产品生命周期管理，早期出现了建筑业生命周期管理概念，而 BIM 正是实现建筑业生命周期管理的核心。

BIM 在 1975 年由美国学者 Chuck Eastman 正式提出[4]，但是在国内 BIM 仍是一个新生事物，直到近15年才受到了业内人士的广泛关注与研究[5-8]。BIM刚开始只有单一的设计出图功能，现在可以有其他的用途，如实现施工进度模拟、成本管理、生命周期管理，随着对BIM应用及研究得深入，对BIM也有了新的理解与认识。当下BIM尚无严格的定义，较为认同的是：BIM是以三维数字技术、数据存储及访问技术以及信息集成技术为支撑，集成了所建项目各种相关信息（包括几何信息与非几何信息）的数据模型，能够为项目勘察设计、施工管理及项目运营阶段提供相协调、内部数据统一、并可进行运行计算的信息[9]。

现如今，在建筑、水利行业内部需求与外部政策的引导下，BIM技术的应用研究工作越来越受到重视，国内外对BIM研究工作主要集中在以下四方面。

（1）BIM软件研究及相关应用软件/插件（如BIM建模软件、专业检查软件、可视化分析软件、造价算量软件及数据转换软件等）的开发。陈辰为改善建筑能耗高的现状，开发了BIM的节能设计软件[10]。何波指出BIM是BIM应用的前提，现阶段建立足够精准的BIM有困难，为此提出为实现BIM应用目标而建立相应BIM和确定应用的方法来保证满足应用需要[11]。金戈[12]研究了日本逐渐成熟的BIM体系和开发的机电软件，提倡国内进行借鉴，发展自己的BIM软件。面对差距和机遇，国内很多学者[13-15]逐渐投入到我国BIM软件的开发热潮中。

（2）BIM基础理论的研究，如BIM实施标准、信息分类编码标准、中间数据交换标准（IFC等标准[16]）、过程标准、BIM软件顶层设计及BIM模型轻量化理论等。赖华辉等[17]针对目前不同BIM软件在数据交互过程中存在的效率低（信息错误、丢失）的问题，提出了一种基于IFC通用标准文件的数据转换路线，开发了结构模型服务器，实现了结构数据转换与BIM数据集成。施平望等[18]基于IFC标准研究了建筑物的表达方式与管理方法。余芳强等[19]提出了一种基于IFC的BIM子模型视图半自动生成方法。Thomas L等研究了IFC标准扩展机制[20]。Caldas C H[21]尝试了IFC标准对BIM模型施工文档的表示方法。Spearpoint M[22]将BIM通过IFC标准转换成功运用在火灾模拟软件中。

（3）BIM技术在各行业领域各阶段（如复杂建筑的设计、碰撞检查等）中的应用研究。设计阶段，张建平等[23]通过BIM技术实现了协同设计；施工阶段，张建平等[24]将BIM技术+4D模型成功用于模拟现场施工；运营阶段，胡振中等[25]基于BIM开发了机电设备智能管理系统，从而实现了机电设备的信息化管理。此外，王美华等[26]主要对项目建设全生命周期所涉及的近40款软件进行了分类汇总及对比分析，同时指出国外BIM核心建模软件以Autodesk、Bentley系列、Catia软件为主流；国内土木行业较成熟的BIM软件有广联达、鲁班系列等；目前在项目实施整体阶段中以多款软件配合实施方式为主，尚无任何一款软件能完成所有的任务[27]。总之，这类研究应用成果较多，在设计阶段的应用也最为成熟。

（4）BIM与新兴技术的融合（如BIM+GIS、BIM＋VR/AR/MR、BIM＋物联网/云平台、"BIM＋"模式及倾斜摄影自动建模等）研究。许智钦等[28]借助三维激光扫描点云数据实现了逆向三维BIM建模及重构，在不需要任何图纸的情况下便可快速、准确地建立模型。程永志等[29]探究了无人机倾斜摄影辅助BIM建模＋GIS技术。芦志强等[30]探究了VR与BIM的融合。刘维跃等[31]探究了基于BIM云平台的协同设计管理模式。

张云翼等[32] 尝试了将云计算、大数据、物联网与 BIM 技术相融合，提出统一的集成应用框架。何清华等[33] 基于云计算构建了云 & BIM 系统和五层实施框架，极大地提高了协同工作效率。

1. 2. 2　钢闸门数字化设计及其发展历程

数字化是将许多复杂多变的信息转变为可以度量的数字、数据，再用这些数字和数据在计算机中建立数字化模型。数字化是信息化的延续。对于设计企业，数字化能够在信息整合的基础上，提升企业对数据的处理能力。数字化设计是在工程和产品的设计阶段运用数字化技术，是现代设计方法的核心内容[34]，包括产品生命周期全过程的数字化定义、计算机辅助设计分析工具（CAD、CAE）、数字化信息管理与控制等。数字化设计与数字化制造是数字化与信息化对未来设计和制造业发挥重要作用的两个关键技术[35]。钢闸门数字化设计是在继承传统设计过程的基础上，将 BIM 的 CAD 建模技术与 CAE 仿真分析功能融入，从而实现了水工钢闸门计算方式与出图方式的实质性转变。钢闸门数字化设计分析是对钢闸门在三维参数化设计模型的基础上进行力学仿真分析，并以分析结果反馈指导修改设计，最终完成产品定型的过程。这个过程的实现关键在于 BIM 建模方法、模型转换方法及结构有限元分析方法等的合理运用。数字化设计的内容及其与 BIM 的关系可表示为图 1.1。

图 1.1　数字化设计的
内容及其与 BIM 的关系

自 20 世纪 80 年代起，我国的钢闸门数字化设计开始起步，其发展的历程大致可以划分为以下 3 个阶段。

在 20 世纪 80 年代以前，钢闸门的设计基本处于图板平面设计阶段，水利设计人员依据闸门设计规范理论徒手进行计算和手工绘图，很少能够将计算机技术融入闸门设计工作中。

20 世纪 80 年代—20 世纪末，钢闸门的设计处于从人工向 CAD 平面设计过渡的阶段。随着计算机软硬件技术的进步，微型计算机也越来越多地应用于设计、办公。特别是 CAD 绘图技术日趋完善，逐步将设计人员从手工绘图中解放出来，同时编程语言的应用也为设计人员的重复计算带来了便利。

进入 21 世纪以后，钢闸门设计从二维 CAD 辅助设计逐渐走向三维数字化阶段。传统的设计模式在竞争日趋激烈的社会中暴露出的弊端越来越多，设计周期长、效率低、设计质量低等突出问题亟需解决。起初出现了三维设计这个概念，即以三维模型的建立为重点，通过三维模型完成出图的任务。设计人员看到了模型应用的一些价值，但由于其并没有提高设计效率及减少设计人员投入的时间精力而发展缓慢。后来，以三维可视化、参数化设计、协同管理等为特征的 BIM 新技术在国内各行业井喷式地增长。受此影响三维设计逐渐融入 BIM 的新理念、新思想及新技术，基于 BIM 的钢闸门设计也逐步兴起。目前，随着计算机软硬件功能的日益强大，以及受物联网、大数据、人工智能等新技术的冲击，一些软件公司和科研生产单位结合国家战略、市场需求及工程需要，积极探索将新技术融入钢闸门设计工作中，并尝试开发功能强大的钢闸门专用集成设计软件/平台。

1.2.3 钢闸门数字化设计研究现状

近年来，越来越多的先进技术被融入到钢闸门设计中，依托工程实际需求，现阶段钢闸门三维数字化设计研究也取得了一些重要的成果。

王可等[36] 利用 Catia 软件完成了钢闸门悬臂轮装置零件设计、装配、碰撞分析、有限元分析、工程制图及数据转换。陈相楠等[37] 重点研究了 Catia 自带组件库的调用与结构形式，在此基础上探讨了水工钢闸门组件库的创建。杨明松等[38] 在 Catia 中利用结构设计模块开发了型材库，并结合零件设计模块完成了平面钢闸门的建模，同时借助结构设计模块提出了二维图纸材料表的统计方法。李强等[39] 优化了传统数字化设计的流程，提出在 Catia 文档模板中预定义数据结构、属性参数、视图及其相关的标准规范的方法，来达到提高设计效率的目的。杨贵海等[40] 重点介绍了基于 Micro Station 的三维设计过程，并指出三维设计比二维设计更直观，且模型图纸可实现联动，设计效率更高。王可等[41] 借助 Catia 软件参数化、知识工程等功能，结合闸门结构构造特征，重点对水工钢闸门设计过程中的三维建模流程进行了优化，同时二次开发形成了系列快速建模辅助设计工具。王蒂等[42] 通过 Catia 软件完成了平面钢闸门参数化建模与结构工程分析，并以计算结果作为判据，调整参数优化模型，得到了受力合理、经济最优的闸门结构。刘燕强等[43] 通过对 Bentley Microsation 软件进行二次开发，完成了水工钢闸门三维参数化设计，实现了以数字驱动模型、模型更新图纸的方式自动建模和绘制三维图纸。焦磊[44] 将 BIM 技术可视化、协同设计及碰撞检查功能运用于船闸工程金属结构设计中，成功解决了二维设计中存在的专业间沟通不畅、设计成果不直观及碰撞优化等问题，其中土建建模以 Revit 软件为主，金属结构采用 Inventor 软件。邹今春等[45] 为提高平面钢闸门设计自动化水平和质量，利用 Inventor 平台采用多种语言混合编程技术，实现了零部件快速装配、二维图纸自动生成尺寸标注、计算过程与三维模型的交互等。陈仲盛等[46] 利用 Inventor 的结构分析模块完成了对桁架式叠梁闸门的建模与结构计算。韩云峰等[47] 基于 Catia 软件零件设计、装配设计及知识工程的功能完成了平面钢闸门参数化建模、模板定制及工程出图，并对模板制作的详细过程进行了介绍。杨贵海[48] 考虑到专业协同的需要，采用为 Bentley 公司开发的工程设计软件 ABD 进行水工钢闸门三维设计，重点对设计思路进行了总结。

综上，钢闸门数字化设计以应用技术研究为主，主要目的在于服务生产实践。大量的工程实例说明，相比于传统设计，钢闸门的数字化设计能在很大程度上提升闸门的设计效率，提高设计产品质量，缩短设计周期，数字化设计也是解决传统设计问题的重要手段。研究工作主要围绕三维参数化模型的建立、二维工程图纸绘制、材料清单统计及工程仿真计算等难点展开，关注的重点在软件基础功能的利用及二次开发定制、闸门的设计流程精简化及基础资源数据库的建立等。同时基于 BIM 的钢闸门数字化设计在后期深化应用如碰撞检查、专业协同设计、施工模拟、运营维护等中具有巨大的潜在价值。

基于 BIM 的钢闸门数字化设计已经成为行业发展不可阻挡的主流趋势，当前研究成果有力推动了钢闸门的数字化设计，但具体应用中，一是尚缺少与传统钢闸门设计过程的接轨及统一的建模技术标准；二是在实现过程中数据对接、交互过程等方面仍存在一些不足，难以满足生产高效、功能多样化的需求；三是数字化设计成果非专业技术人员难以操作，且成果的应用效果难以控制；四是设计计算仍以容许应力法为主，三维设计成果与结构分析软件衔接困难，结构有限元分析计算方法并未在闸门的设计中发挥太大作用，制约了闸门设计水平的提高。

1.2.4　钢闸门数字化设计软件系统开发应用现状

专业的设计应用软件/平台的应用能够使设计流程之间衔接更紧密，使数据实现传递与共享，可以进一步提高设计效率，因而针对钢闸门设计计算烦琐等问题，国内外学者很早就开始尝试开发钢闸门设计软件。胡友安等[49]依据水工钢闸门的结构绘图特点，在CAD平台上开发了平面钢闸门参数化绘图软件。马麟等[50]开发了一套交互式的平面钢闸门PGCAD系统。该系统由用户界面、设计模块、静动态数据库和绘图模块四部分组成，其中绘图模块依托于AutoCAD环境。系统在设计时采用模块设计思想，各个模块独立进行编译、链接，模块之间采用动态数据库共享数据。吴玉光等[51]以数据库为核心，按照容许应力法计算方法开发出了集结构计算、强度计算、三维造型等功能于一体的平面钢闸门集成CAD软件。汪恩良等[52]在CAD平台上利用VBA语言开发了具有设计计算、图形绘制、数据存储功能的露顶式平面钢闸门辅助设计软件。徐国宾等[53]在VB可视化环境下开发了集设计计算、绘图和设计计算书于一体的平面钢闸门设计软件。该软件以结构设计的基本理论为依据，通过调用AutoCAD、Word、Access及Flow 3D软件，实现设计所需功能。其中Flow 3D主要用来模拟计算闸门在启闭过程中的动水垂直力。魏群等[54]为避免在钢结构工作流程中因信息缺失而高成本返工的事情发生，基于BIM技术，开发了平面钢闸门三维设计软件SteelGate，可快速实现闸门计算分析、图纸自动生成及工程量的统计。魏鲁双等[55]首次提出将云技术运用于钢结构工程软件中的架构模型。李月伟等[56]建立了基于Catia V5的水工钢闸门三维设计系统，该系统的核心是利用该软件的知识工程和规则管理功能构建丰富的单元库，并通过信息传输接口实现与Math CAD工程计算软件及Excel表格的链接，从而实现了水工钢闸门全过程的可视化设计与管理。

实践表明，应用软件能显著提升钢闸门的设计效率，但是软件开发的水平也决定了应用的深度。从目前的研究可以看出，现有的钢闸门设计应用软件的开发研究多建立于专业绘图软件之上，其各种功能实现的核心仍是对专业绘图软件功能的调用。软件开发大多是为了实现闸门的设计计算、自动绘图及出具计算说明书等功能。近些年，随着BIM技术的兴起，软件开发的热点逐渐从二维设计转移到三维设计。虽然目前已经取得了一些成果，但是软件仍以容许应力法作为计算依据，忽略了更加合理的空间结构计算分析方法，尚缺乏闸门设计计算分析一体化软件开发。

第 2 章　水工钢闸门的组成、分类与设计方法

2.1　水工钢闸门的组成及分类

2.1.1　水工钢闸门的组成

闸门是启闭水工建筑物过水孔口的重要设备之一，按水利水电工程的综合利用需要，全部或局部开启相关孔口，可靠地调节上下游水位和流量，以获得防洪、发电、灌溉、通航以及排除泥沙或其他漂浮物等效益[57]。

闸门一般主要由以下三大部分组成：

（1）活动部分：关闭和开放孔口的活动结构，一般称为门叶。

（2）埋设部件：埋固在土建结构内的构件，一般称为埋件，它将活动部分承受的荷载（包括自重）传递给土建结构。

（3）启闭设备：控制活动部分位置的操纵机构。

闸门门叶一般由下列部件构成：

（1）面板：封闭孔口的挡水面。它直接承受水的压力，然后传给梁系。

（2）梁格：具有足够强度和刚度的结构物。它支承面板，把面板传来的水压力传递到支承部件上去。

（3）行走支承部件。这些部件一方面把梁格传来的力传给土建结构，另一方面保证门叶移动时灵活可靠。

（4）吊具：与启闭设备相连的部件。

（5）止水部件：用以堵塞闸门门叶与埋设部件间隙缝的部件。它使闸门在封闭孔口时无漏水现象或使漏水量减到最少。

闸门的埋件往往与门叶形式有关，一般由下列部件构成：①支承行走埋设件；②止水埋设件；③护砌埋设件。

闸门的启闭设备一般由以下部件组成：①动力装置；②传动装置；③制动装置；④连接装置；⑤支承及行走装置。

2.1.2　水工钢闸门的分类

闸门的种类和形式很多，一般可以按照工作性质、设置部位、制造材料和方法、构造特征等进行分类。

闸门按工作性质可分为工作闸门、事故闸门、检修闸门等。工作闸门是指建筑物正常

运行时使用的闸门，主要具有连续调节过水孔口流量、控制水位的功能，一般可以在动水条件下操作，常见的工作闸门有溢洪道弧形闸门、底孔工作闸门、船闸和防洪控制闸门。事故闸门是指闸门的上游（或下游）发生事故时，能在动水中关闭的闸门；在事故消除后，门后充水平压，在静水条件下开放孔口；当需要快速关闭孔口时，也称为快速闸门。检修闸门是指专供建筑物或设备检修时使用的闸门，在静水中启闭。由于它关系到检修人员的工作条件和安全，因此，对检修闸门的结构强度和止水设施应予以足够重视。

闸门按设置部位分为露顶闸门和潜孔闸门。露顶闸门设置在开敞式泄水孔道，当闸门关闭挡水时，门叶顶部高于挡水水位，并仅设置三边（两侧和底缘）止水；潜孔闸门设置在潜没式泄水孔口，当闸门关闭挡水时，门叶顶部低于挡水水位，并需设置顶部、两侧和底缘四边止水。

闸门按制造材料和方法的分类如图 2.1 所示。

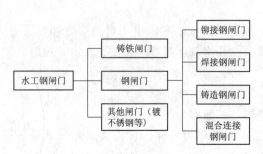

图 2.1　闸门按制造材料和工艺的分类

按照制造闸门的材料可将闸门分为钢闸门、铸铁闸门、其他闸门等。目前，水利水电工程中的闸门一般为钢闸门，钢闸门的制造工艺一般可分为铆接、焊接、铸造和混合连接四种。具体采用哪种制造工艺应根据当时当地的技术和经济条件因地制宜地确定。

铆接钢闸门在过去很常见，但由于它耗钢量多，劳动强度大，制造费用高，因此随着焊接技术的不断提高和普及，现在已逐渐

被淘汰。焊接钢闸门是目前钢闸门的主要形式，过去焊接方法大多为手工电弧焊，这种焊接方式劳动强度大且效率低下，随着经济发展和焊接技术水平的进步。20 世纪 90 年代以后，自动焊接机器人开始应用，并逐渐普及，尤其是汽车制造业，自动焊接机器人已逐渐替代手工焊。近年来，水工钢闸门的制造也开始应用自动焊接技术[58]。这大大提高了焊接产品的质量并降低了生产成本。铸造钢闸门适用于孔口尺寸较小或闸门构件外形比较复杂的情况，但因其铸造工艺复杂，加工量大，造价较高，目前较少采用。混合连接钢闸门在某些情况下可能更为有利，例如，若闸门需要在极低温度条件下安装，现场缺乏适当的防护措施，焊接质量难以保证，就可以采用螺栓连接安装焊接钢闸门。另外，对已建成的钢闸门进行加固或改建，考虑到减轻对原结构的影响，也可以采用混合连接方式。

闸门按构造特征的分类如表 2.1。

表 2.1　　　　　　　　　　　　　闸门按构造特征分类

挡水面特征	运行方式	闸（阀）门名称	说　　明
平面	直升式	滑动闸门	
		定轮闸门	
		链轮闸门	
		串轮闸门	
		反钩闸门	

挡水面特征		运行方式		闸（阀）门名称	说　明
平面		横拉式		横拉闸门	
		转动式	横轴式	舌瓣闸门	上翻板、下翻板两种
				翻板闸门	
				盖板闸门（拍门）	
			竖轴式	人字闸门	
				一字闸门	
		浮沉式		浮箱闸门	
		直升—转动—平移		升卧式闸门	上游升卧、下游升卧两种
		梁式		叠梁闸门	普通叠梁、浮式叠梁等
				排针闸门	
弧形		转动式	横轴	弧形闸门	铰轴在底槛以上一定高度
				反向弧形闸门	
				下沉式弧形闸门	
			竖轴	立轴式弧形闸门	包括三角门
扇形		横轴转动式		扇形闸门	铰轴位于下游底槛上
				鼓形闸门	铰轴位于上游底槛上
屋顶形		横轴转动式		屋顶闸门	又称为浮体闸
立式圆管形	部分圆	直升式		拱形闸门	分压拱、拉拱闸门等
	整圆			圆筒闸门	
圆辊形		横向滚动式		圆辊闸门	
球形		滚动式		球形闸门	
壳形		移动式		针形阀	
				管形阀	
				空注阀	
				锥形阀	外套式、内套式两种
				闸阀	
		转动式		蝴蝶阀	卧轴式、立轴式两种
				球阀	单面、双面密封

　　梁式闸门是将单独的梁逐根插入孔口以起堵水作用，梁横放的叫叠梁闸门（图 2.2），直接插入门槽；梁竖放的叫排针闸门（图 2.3），支承在底槛及顶部支承梁上。梁式闸门是单根操作的，比较费时费力，一般多用于中小型渠道的检修闸门。

　　直升式平面闸门是用得最为广泛的门型，是将一块平板形式的门叶插在门槽内而起堵水作用，一般还可按支承行走部分的构造形式分为滑动式闸门、定轮闸门、链轮闸门、串轮闸门以及反钩闸门等几种。图 2.4 为滑动式闸门。门叶的结构形式很多，如梁板形、拱形、壳形等。门叶的块数一般是一块，但也可以分成数块，形成所谓的双扉门或多扉门。

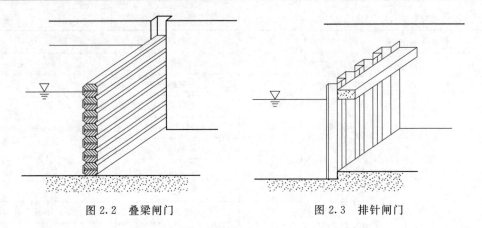

图 2.2　叠梁闸门　　　　　　　图 2.3　排针闸门

横拉式闸门（图 2.5）是在平板门叶的底部或顶部安设行走滚轮，可沿轨道横向移动。因为它只能在静水条件下操作，故多用在船闸或船坞上。

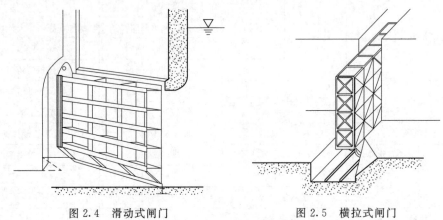

图 2.4　滑动式闸门　　　　　　图 2.5　横拉式闸门

转动式平面闸门也是用得相当广泛的门型。转动式平面闸门按运行方式可分为横轴式和竖轴式。横轴转动平面闸门又可按轴的安设位置在底部、中部或顶部而分为舌瓣闸门（图 2.6）、翻板闸门和盖板闸门（图 2.7）；竖轴转动平面闸门也可按轴的安设位置分为一字闸门和人字闸门（图 2.8）。人字闸门是在左右两边各采用一扇一字闸门且在对接处保持一定的夹角，它的两扇门叶在闸门关闭状态下形成三铰拱结构，结构形式比较特殊。人字闸门和一字闸门一般都只能在静水中操作，广泛应用在船闸上。

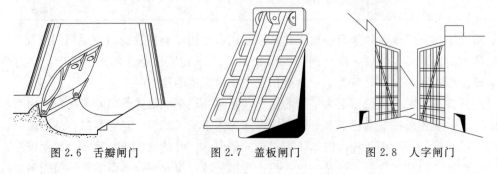

图 2.6　舌瓣闸门　　　　图 2.7　盖板闸门　　　　图 2.8　人字闸门

　　浮箱闸门的门叶形如空箱,在水中可以浮动,而当在箱内充水时又能使门叶沉入水中。在使用时,将空门叶托运到门槽位置,然后充水使门叶下沉就位。因此,浮箱闸门只能在静水中操作,一般多用于船坞工作门或其他闸门的检修门。

　　弧形闸门也是广泛应用的一种门型。它将一块圆弧形门叶用支臂铰支于铰座上,一般铰心就是弧面中心,所以水压力总是通过铰心,运行时阻力矩较小。按铰轴位置不同,弧形闸门有横轴(图2.9)、竖轴(图2.10)之分。横轴弧形闸门常用于水利水电工程,竖轴弧形闸门常用作船闸。

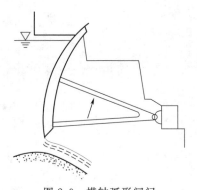

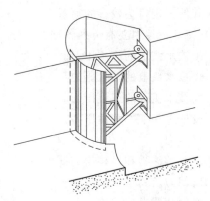

图 2.9　横轴弧形闸门
(→表示活动方向; ===表示水流流线)

图 2.10　竖轴弧形闸门

　　扇形闸门(图2.11)在外形上与弧形闸门很像,二者的区别在于扇形闸门有封闭的外廓,并且铰支于底板上,可以利用在空腔内充放水实现闸门的自动上升或下降。支铰位于上游的扇形闸门称为鼓形闸门(图2.12)。

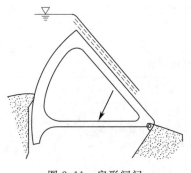

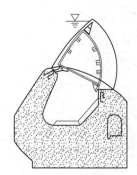

图 2.11　扇形闸门

图 2.12　鼓形闸门

2.2　水工钢闸门上作用的荷载及计算

2.2.1　作用于闸门上的荷载

　　作用于闸门上的荷载可分为基本荷载和特殊荷载两类。

　　(1)基本荷载主要有下列各项:

　　1)闸门自重(包括加重)。

2）设计水头下的静水压力。

3）设计水头下的动水压力。

4）设计水头下的波浪压力。

5）设计水头下的水锤压力。

6）淤沙压力。

7）风压力。

8）启闭力。

9）其他出现机会较多的荷载。

（2）特殊荷载主要有下列各项：

1）校核水头下的静水压力。

2）校核水头下的动水压力。

3）校核水头下的波浪压力。

4）校核水头下的水锤压力。

5）风压力。

6）冰、漂浮物和推移物的撞击力。

7）启闭力。

8）温度荷载。

9）地震荷载。

10）其他出现机会较少的荷载。

当闸门有特殊要求时，应专门研究作用在闸门上的荷载（如水下爆破荷载）。在设计闸门时，应将可能同时作用的各种荷载进行组合。荷载组合分为基本组合和特殊组合两类。基本组合由基本荷载组成，特殊组合由基本荷载和一种或几种特殊荷载组成，荷载组合可按表 2.2 采用。

表 2.2　　　　　　　　　　　　　闸门荷载组合表

荷载组合	计算情况	荷载												说　明
		自重	静水压力	动水压力	波浪压力	水锤压力	淤沙压力	风压力	启闭力	地震荷载	撞击力	其他出现机会较多的荷载	其他出现机会较少的荷载	
基本组合	设计水头情况	√	√	√	√	√	√	√	√			√		按设计水头组合计算
特殊组合	校核水头情况	√	√	√	√	√	√	√	√		√		√	按校核水头组合计算
	地震情况	√	√	√	√		√	√		√				按设计水头组合计算

2.2.2 荷载的计算

2.2.2.1 静水压力

静水压力是作用在闸门上的主要荷载，露顶式和潜孔式平面闸门及弧形闸门在不同水位工况下的静水压力可按照表 2.3 中的公式计算。

表 2.3　　　　　　　　　　　　　静水压力计算

序号	水 压 力 图	计 算 公 式
1		总水压力：　$P=\dfrac{1}{2}\gamma H_s^2 B_{zs}$ P 的作用点的位置：　$H_c=\dfrac{2}{3}H_s$
2		总水压力：　$P=\dfrac{1}{2}\gamma (H_s^2-H_x^2)B_{zs}$ P 的作用点的位置：　$H_c=\dfrac{1}{3}\left(2H_s-\dfrac{H_x^2}{H_s+H_x}\right)$
3		总水压力：　$P=\dfrac{1}{2}\gamma (2H_s-h)hB_{zs}$ P 的作用点的位置：　$H_c=H_s-\dfrac{h}{3}\dfrac{3H_s-2h}{2H_s-h}$
4		总水压力：　$P=\gamma (H_s-H_x)hB_{zs}$ P 的作用点的位置：　$H_c=H_s-\dfrac{1}{2}h$

序号	水 压 力 图	计 算 公 式
5		总水压力：　$P = \dfrac{1}{2}\gamma[(2H_s - h)h - H_x^2]B_{zs}$ P 的作用点的位置： $H_c = \dfrac{3H_s H_x^2 - H_x^3 - 6H_s^2 h + 6H_s h^2 - 2h^3}{3H_x^2 - 6H_s h + 3h^2}$
6		$P_s = \dfrac{1}{2}\gamma H_s^2 B_{zs}$ $V_s = \dfrac{1}{2}\gamma R^2\left\{\dfrac{\pi\varphi}{180} + 2\sin\varphi_1\cos\varphi_2 - \dfrac{1}{2}[\sin(2\varphi_1) + \sin(2\varphi_2)]\right\}B$ $P_x = \dfrac{1}{2}\gamma H_x^2 B$ $V_x = \dfrac{1}{2}\gamma R^2\left\{\dfrac{\pi\beta}{180} + 2\sin\beta_1\cos\varphi_2 - \dfrac{1}{2}[\sin(2\beta_1) + \sin(2\varphi_2)]\right\}B$ 总水压力：$P = \sqrt{(P_s - P_x)^2 + (V_s - V_x)^2}$
7		$\varphi_1 < \varphi_2$ $P_s = \dfrac{1}{2}\gamma H_s^2 B$ $V_s = \dfrac{1}{2}\gamma R^2\left\{\dfrac{\pi\varphi}{180} - 2\sin\varphi_1\cos\varphi_2 - \dfrac{1}{2}[\sin(2\varphi_2) - \sin(2\varphi_1)]\right\}B$ $P_x = \dfrac{1}{2}\gamma H_x^2 B$ $V_x = \dfrac{1}{2}\gamma R^2\left\{\dfrac{\pi B}{180} + 2\sin\beta_1\cos\varphi_2 - \dfrac{1}{2}[\sin(2\beta_1) + \sin(2\varphi_2)]\right\}B$ 总水压力：　$P = \sqrt{(P_s - P_x)^2 + (V_s - V_x)^2}$
8		$\varphi_1 > \varphi_2$ $P_s = \dfrac{1}{2}\gamma H_s^2 B$ $V_s = \dfrac{1}{2}\gamma R^2\Big[\dfrac{\pi\varphi}{180} - \sin(2\varphi_2) - \sin(\varphi_1 - \varphi_2) -$ 　　　$2\sin\varphi\sin^2\left(\dfrac{\varphi_1 - \varphi_2}{2}\right)\Big]B$ $P_x = \dfrac{1}{2}\gamma H_x^2 B$ $V_x = \dfrac{1}{2}\gamma R^2\left\{\dfrac{\pi\varphi}{180} + 2\sin\beta_1\cos\varphi_2 - \dfrac{1}{2}[\sin(2\beta_1) + \sin(2\varphi_2)]\right\}B$ 总水压力：$P = \sqrt{(P_s - P_x)^2 + (V_s - V_x)^2}$

序号	水 压 力 图	计 算 公 式
9	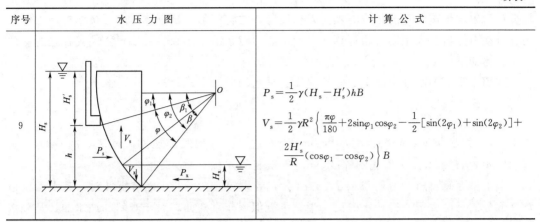	$P_s = \dfrac{1}{2}\gamma(H_s - H_s')hB$ $V_s = \dfrac{1}{2}\gamma R^2 \left\{ \dfrac{\pi\varphi}{180} + 2\sin\varphi_1\cos\varphi_2 - \dfrac{1}{2}[\sin(2\varphi_1) + \sin(2\varphi_2)] + \dfrac{2H_s'}{R}(\cos\varphi_1 - \cos\varphi_2) \right\}B$

注　P_s—上游水平分力，kN；V_s—上游垂直分力，kN；P_x—下游水平分力，kN；V_x—下游垂直分力，kN；H_s—上游水头，m；H_x—下游水头，m；R—弧门面板曲率半径，m；γ—水的容重，一般对淡水可取 10kN/m³，对海水可取 10.4kN/m³，含沙水按试验确定；B_{zs}—两侧止水间距，m；B—孔口宽度，m；h—闸门高度（计算到顶止水），m。

2.2.2.2 动水压力

闸门在启闭过程中或在局部开启的情况下工作时，水处于流动状态而作用在闸门上的水压力称为动水压力。动水压力包括时均压力和脉动压力两部分。脉动压力会引起闸门的振动，但大多数是轻微振动，只有极少数工作条件会引起闸门强烈振动，造成闸门破坏。影响闸门动水压力的因素较多，尚无法定量计算纳水压力，只能具体情况具体分析。

对于高水头下经常动水操作的闸门或经常局部开启的工作闸门，设计时应考虑闸门各部件承受不同程度的动水压力。动水压力计算分为两部分。一部分动水压力垂直作用于面板，按静水压力乘以动力系数计算。具体方法是，按闸门不同形式及其水流条件，将作用在闸门不同部件上的静水压力分别乘以不同的动力系数，其值宜取 1.0～1.2；对于露顶式弧门主梁与支臂，宜取 1.1～1.2；大型工程中水流条件复杂且又重要的工作闸门，其动力系数应做模型试验进行专门研究。另一部分为作用于闸门底缘上的力，又可分为上托力和下吸力。上托力可用上托力系数表示；下吸力根据国内原型试验材料可按 20kN/m² 考虑，当流态良好、通气充分时，可适当减小。具体可参照《水电工程钢闸门设计规范》（NB 35055—2015）[59] 进行计算。

2.2.2.3 波浪压力

取输水建筑物前水域一般不大，闸门设计时一般不考虑波浪压力。深孔取水口的闸门，由于水头较高，即使闸前水域开阔，其波浪压力对闸门的影响也比较小，也可不计波浪压力。少数闸前为开阔的水域，需计算波浪压力，其值的大小取决于波高及波长，可参照《水工建筑物荷载设计规范》（SL 744—2016）进行计算。

2.2.2.4 地震动水压力

水工钢闸门在地震作用下主要承受作用在其迎水面的地震动水压力和闸门的地震惯性力，其中地震动水压力的影响更大一些。在计算闸门的动水压力时，常采用动力法或拟静力法。由于动力法应用较为广泛，本书主要介绍动力法，拟静力法可参考《水电工程钢闸门设计规范》（NB 35055—2015）。以动力法为例，一般先计算出地震动水压力，然后将其折算为单位地震加速度相应的坝面附加质量，并将其加入到坝体，之后按结构动力学方法进行动力分析。采用动力法计算地震动水压力时常采用 Westergaard 公式或者它的修改型，具体如下。

作用于垂直的刚性坝面上无限长水库的动水压力按下式计算：

$$P_h = \frac{7}{8} a_g \rho_w \sqrt{Hh}$$

式中：P_h 为水深 h 处的地震动水压力，kN/m^2；a_g 为地震加速度，m/s^2；ρ_w 为水的密度，t/m^3；H 为水面至库底的深度，m；h 为计算水深，m。

当上游面垂直时，使用 Westergaard 公式效果较好。当迎水面有折坡时，若水面以下直立部分的高度大于或等于水深的一半，可近似取作直立面。对于倾斜的迎水面，其动水压力要比直立的小。C. N. Zanger 的实验及分析计算结果表明，考虑迎水面倾斜度的折减系数可取为 $k = \theta/90°$，θ 为迎水面和水平面的夹角。

当采用 Westergaard 公式计算地震动水压力时，只需考虑地震作用和正常蓄水位的组合。

2.2.2.5　淤沙压力

当闸门前可能有泥沙淤积时，应考虑淤沙压力。作用在闸门上的水平淤沙压力可按式（2.1）、式（2.2）计算：

$$P_n = \frac{1}{2} \gamma_n h_n^2 \tan^2(45° - \phi/2) B \tag{2.1}$$

$$\gamma_n = \gamma_0 - (1-n)\gamma_w \tag{2.2}$$

式（2.1）和式（2.2）中：P_n 为淤沙压力，kN；γ_n 为淤沙的浮容重，kN/m^3；γ_0 为淤沙的干容重，kN/m^3；γ_w 为水的容重，kN/m^3；n 为淤沙的孔隙率；h_n 为闸门前泥沙淤积厚度，m；B 为闸门前泥沙淤积宽度，m；ϕ 为淤沙的内摩擦角，（°）。

当闸门挡水面倾斜时，应计算竖向淤沙压力。

2.2.2.6　漂浮物的撞击力

漂浮物撞击力可按式（2.3）计算：

$$P_z = \frac{W_p v}{gt} \tag{2.3}$$

式中：P_z 为漂浮物撞击力，kN；W_p 为漂浮物重量，kN，根据河流中漂浮物情况，按实际调查确定；v 为水流速度，m/s；g 为重力加速度；t 为撞击时间，应根据实际资料估算，s。

流冰对闸门的撞击力按现行《水工建筑物荷载设计规范》（SL 744—2016）计算。

2.2.2.7　其他荷载

（1）闸门自重。初步设计时，由于闸门的结构尚未确定，闸门自重可根据估算公式计算或参考已建同类闸门的自重。

（2）闸门启闭力。设计门体部分的构件时可不考虑闸门启闭力，但对吊耳、拉杆等有关部件则必须进行核算。

（3）风压力。按《水工建筑物荷载设计规范》（SL 744—2016）的规定计算风压力。

2.3 钢闸门的结构计算方法

闸门的设计是一个系统工程，要全方位多方面地考虑，最终要保证设计的闸门结构使用方便，技术先进和经济合理。目前，常采用的结构计算方法主要有平面体系法和空间体系法。

2.3.1 平面体系法

我国《水电工程钢闸门设计规范》（NB 35055—2015）按平面体系的结构力学法进行闸门结构计算，即把一个空间承重结构人为划分成几个独立的平面结构系统，如面板、梁格、主梁、支臂等，并根据实际可能发生的最不利荷载情况，按基本荷载和特殊荷载条件进行强度、刚度和稳定性的验算。这种方法概念清晰，计算简便，为广大设计人员所接受。如对于弧门，忽略其纵梁和弧形面板曲率的影响，近似按直梁和平板进行验算，闸门的承载构件和连接件应验算正应力和剪应力，同时承受较大正应力和剪应力的关键部位还应验算折算应力；对于受弯、受压和偏心受压构件，应验算其整体和局部稳定性。平面体系法虽然简单方便、便于应用，但其将闸门结构拆分为构件单独进行计算，忽略了各构件空间整体工作的协调性，不能体现出弧门结构的空间效应，设计往往过于保守，导致闸门材料用量偏大 20%～40%，造成材料的浪费和启闭机容量的增加；有研究表明，不考虑空间效应的平面简化计算方法有时也是不安全的。具体对面板、主横梁、底横梁、顶横梁、小横梁、纵向隔板、支臂、闸门开启瞬间框架内力、支臂整体稳定、支臂局部稳定、边纵梁、启闭力等进行计算。

2.3.2 空间体系法

空间体系法将闸门作为一个整体的空间框架体系进行分析计算。闸门在实际工作中是一个完整的空间结构体系，各构件相互协调，作用在闸门结构上的外力和荷载由全部组成构件共同承担。而按平面体系计算各个构件内力时，不管作了多么精细的假定，总不能完全地反映出它们真实的工作情况。闸门结构按空间体系来分析是在符拉索夫的开口薄壁杆件理论提出后才正式开始的，而空间有限元法的快速发展使闸门结构完全按空间体系分析计算成为了现实，可充分考虑闸门作为空间结构的整体性、空间受力特点及变形特点。苏联是最早将空间结构体系分析方法应用于闸门结构分析的国家之一。我国的设计单位、高校及科研院也广泛采用空间结构方法对结构进行分析和计算[60-62]。运用空间有限元法分析计算闸门结构受力及变形，能充分体现出闸门较强的空间效应，使计算出的各构件的应力及变形更为准确，不仅可以节省材料，减轻闸门自重，同时也可提高闸门的整体安全度。空间体系法可作为平面体系法的一种验证方法。近五十年来，工程上为确保闸门结构的安全运行，采用空间有限元法进行闸门结构的静力特性和动力特性分析已是基本趋势。

我国绝大多数设计单位和高校从 20 世纪 70 年代已将空间有限元法应用于闸门结构分析，至 21 世纪初，商业化有限元软件已非常成熟，早已具备了用有限元法进行结构计算的条件，虽然应用有限元法进行闸门结构强度、刚度和稳定性分析的具体判别准则会与现行规范的容许应力法有差别，分析中出现的应力集中如何处理等问题还需要进一步研究，但这都可以参考相关规范和科研成果确定，并不会影响有限元的应用。所以在用平面体系法进行结构选型及构件截面初选的前提下，应积极采用三维有限元进行结构计算与安全验算，并使其规范化。

2.4　钢闸门的设计方法

2.4.1　容许应力法

水工钢闸门采用容许应力法进行强度、刚度和稳定性分析。对于闸门承重构件和连接构件，应验算其危险截面的正应力和剪应力，在同时受有较大正应力和剪应力的作用处（如连续梁的支座处或梁截面改变处等），还需要验算折算应力，计算的最大应力值不得超过容许应力的 5%。

对于受弯构件，应验算其挠度，但如果选用梁高大于最小梁高，则不必验算其刚度。受弯构件的最大挠度与计算跨度之比如下：①潜孔式工作闸门和事故闸门的主梁为 1/750；②潜孔式工作闸门和事故闸门的主梁为 1/600；③检修闸门和拦污栅的主梁为 1/500；④一般次梁为 1/250。

对于受弯、受压和偏心受压构件，应验算整体稳定和局部稳定性。钢闸门构件的长细比不应超过下列数值：①受压构件容许长细比：主要构件为 120，次要构件为 150，联系构件为 200；②受拉构件容许的长细比：主要构件为 200，次要构件为 250，联系构件为 350；③组合梁腹板加劲肋需按《钢结构设计规范》（GB 50017—2017）。

2.4.2　基于可靠度的概率极限状态设计法

美国《水工钢结构设计规范》（EM 1110 - 2—2015）中规定可以使用荷载抗力系数法和容许应力法进行结构设计[64]，《溢洪道弧形闸门设计》及《平面闸门设计》中规定结构设计必须使用荷载抗力系数法；此外美国钢结构协会、美国公路和运输协会以及美国焊接学会等也都明确要求使用荷载抗力系数法进行结构的设计。中国《钢结构设计规范》（GB 50017—2017）明确规定除疲劳计算外，均采用以概率理论为基础的极限状态设计方法，分项系数的设计表达式与美国规范基本一致。为推动钢闸门设计采用概率极限状态设计法，范崇仁等[65]、周建方等[66] 探讨了闸门设计规范的可靠度，李典庆等[67-68] 提出了基于可靠度理论的现役钢闸门结构构件寿命预测的方法，并基于贝叶斯定理对钢闸门疲劳可靠性进行了评价，严根华等[69-70] 基于超越机制的结构动力可靠性提出了适于计算闸门流激振动动力可靠度的表达式，并提出弧门空间框架体系可靠度计算的串并联模型及计算方法。

概率极限状态设计法的基础是大量的统计参数，因此，需要加强对闸门的原型观测，广泛采集各种工况下、各种闸门形式的流激荷载统计数据，确定荷载的概率统计特征参数及各分项系数。这些研究为钢闸门早日采用概率极限状态设计法起到了一定的推动作用。

2.5 平面钢闸门设计及计算

2.5.1 平面钢闸门基本构成

平面钢闸门按闸门所在孔口位置分为露顶闸门和潜孔闸门，露顶闸门常设置在泄水表孔中，门顶露出水面，潜孔闸门门顶潜没在水面以下，其多数为深孔闸门；按闸门功能可分为工作闸门、事故闸门、检修闸门和施工闸门等；根据闸门构造特点可分为滑动门、定轮门、链轮门；按移动方式可分为直升式、横拉式、转动式等。

平面钢闸门以直升式为主，由承载的门叶主体结构、滚动或滑动支承、封水部件、启闭吊耳、充水平压部件和埋固构件等组成。

2.5.1.1 门叶结构

门叶是平面钢闸门的重要组成部分，是在泄水孔口位置可以上下活动的挡水结构（图2.13）。

 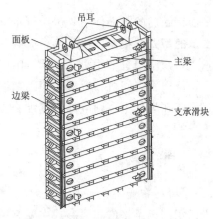

（a）实物图　　　　　　　　　　　　　　（b）示意图

图 2.13　平面钢闸门门叶结构

由图 2.13 可见，门叶结构由面板、梁格、行走支承部件、吊具以及止水等部件所组成。为避免梁格和行走支承浸没于水中而聚积污物，同时减少因门底过水而产生的振动，面板一般设置在闸门上游侧来挡水，将承受的水压力传给梁格。但对于静水启闭的闸门或门底流速较小的闸门，为了方便布置止水，面板也有设在闸门下游侧的。梁格是由主梁、次梁（水平次梁、竖直次梁）和边梁组成的框架结构，用来支承面板受力。从面板传向梁格的水平水压力依次通过次梁、主梁、边梁后传给闸门的行走支承。由于梁格主要承担水平水压力，在重力作用下为了增强门叶竖向刚度常需要设置空间（纵向）联结系，将门叶结构横向和竖向梁格组成一整体。同时为保证闸门横截面的刚度，减少门顶和门底产生过大的变形，在闸门跨度方向的竖直平面内设置横向联结系。行走支承部件（滑轮或滑块）是保证门叶灵活启闭的行走部件，同时还将门叶上的水压力传递到门槽埋件上，包括主行走支承、侧向支承及反向支承装置三部分。止水布置在门叶与门槽孔口周围，用于封水，主要是由橡皮材料制成的。吊耳是与启闭设备相连的牵引部件，用于闸门启吊。

2.5.1.2　门槽埋件

平面钢闸门门槽的主要埋设构件如下：用来支承闸门主轮或主滑块的轨道，即主轨；用来支承闸门侧轮以及反轮的轨道，即侧轨和反轨；与闸门止水橡皮相接触的型钢埋件，包括门楣和底槛；为保护门槽边棱处的混凝土免遭漂浮物撞击、泥沙磨损、气蚀剥落等破坏所设置的加固角钢/钢板等。闸门上水压力的传递路径如图 2.14 所示。

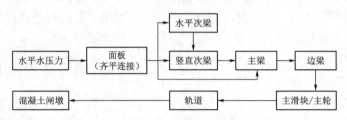

图 2.14　平面钢闸门水压力传递路径示意图

2.5.1.3　零部件

平面钢闸门的零部件主要包括行走支承、吊耳、吊杆、锁锭、止水装置等。平面闸门行走支承的型式应根据工作条件、荷载和跨度选定。工作闸门和事故闸门宜采用滚轮和滑道支承。检修闸门宜采用滑道支承。闸门采用单吊点或双吊点应根据孔口大小、宽高比、启闭力、闸门及启闭机布置形式等因素综合考虑确定。闸门止水装置宜设在门叶上，如需将水封设置在埋件上，则应提供其维修更换的条件。各部位的止水装置应保证连续性和严密性。

2.5.2　门叶结构布置

2.5.2.1　梁格布置

平面钢闸门梁格的布置形式主要有纯主梁式、主次梁式及普通式，梁格的连接形式有齐平连接、降低连接和层叠连接。由于其布置形式决定水压力的传递路径、整体承载的性能等，考虑实用经济性，工程中平面钢闸门常采用多主梁式闸门，一般为齐平连接。

在布置梁格时，应尽量使面板各区格的计算厚度相近，且满足"控制使面板的长短边比大于 1.5，并将长边布置在沿主梁轴线方向"的要求。

2.5.2.2　主梁布置

主梁是闸门重要承载构件，布置的数目由水荷载大小和闸门的尺寸决定。平面钢闸门按照孔口型式及宽高比布置成双主梁或多主梁。而闸门宽度通常由梁的支承跨度 l 决定，闸门高度为 h，建议当闸门跨高比 $l/h \geqslant 1.2$ 时，采用双主梁；而当 $l/h \leqslant 1.0$ 时，采用多主梁。主梁的位置宜按照等荷载的原则布置，兼顾制造、运输和安装，行走支承及底缘布置等要求，主梁的位置具体可按式（2.4）、式（2.5）计算。

对于露顶闸门 [图 2.15（a）]：

$$y_K = \frac{2H}{3\sqrt{n}} \big[K^{1.5} - (K-1)^{1.5} \big] \tag{2.4}$$

对于潜孔闸门［图 2.15（b）］：

$$
\left.
\begin{array}{l}
y_K = \dfrac{2H}{3\sqrt{n+\beta}}\left[(K+\beta)^{1.5}-(K+\beta-1)^{1.5}\right] \\[3mm]
\beta = \dfrac{na^2}{H^2-a^2}
\end{array}
\right\}
\tag{2.5}
$$

式（2.4）和式（2.5）中：y_K 为第 K 根主梁至水面的距离；H 为水面至门底的距离；n 为主梁数目；a 为水面至门顶的距离。

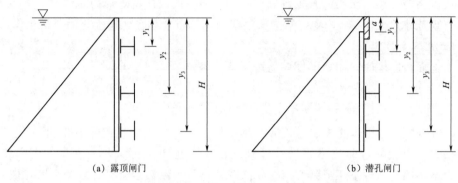

(a) 露顶闸门   (b) 潜孔闸门

图 2.15 主梁的位置示意图

2.5.2.3 次梁布置

次梁作为中间环节重要传力构件，它的布置应与主梁的布置相互配合。为避免面板厚度过大，竖直次梁间距宜为 $1\sim2$ m；水平次梁间距一般控制在 $0.4\sim1.2$ m 之间，且应随着水压力增大而逐渐变小，也应遵循等载布置原则，形成上疏下密的排布。

2.5.2.4 边梁布置

边梁的作用是将主梁传来的荷载通过与之相连的滑轮或滑块传递到轨道上，应采用实腹梁形式，主要有两种：单腹板式和双腹板式。单腹板式边梁构造简单，便于和主梁连接，但抗扭刚度差，一般用在滑道式支承的闸门中。双腹板式边梁便于安装滚轮，抗扭刚度强，但构造复杂，适用于一些大跨度及深孔定轮闸门中。在布置边梁时，要保证截面高度与主梁端部的高度相等，其他尺寸一般按照构造要求确定。

2.5.2.5 联结系布置

联结系分为横向联结系和纵向联结系。横向联结系将水平次梁传来的水压力传给主梁，当水位变化时均衡各主梁的受力并保证闸门在横截面的刚度，布置时对称于闸门中心轴线。纵向联结系位于闸门主梁后翼缘平面内，主要是承受闸门上的竖向力。

2.5.3 平面钢闸门结构设计

针对闸门的结构设计，国内水利水电行业习惯采用相对简单的平面体系分析方法，故本书中在初定平面钢闸门结构尺寸时仍采用平面容许应力法。

平面钢闸门结构设计包括闸门门体结构形式选择，构件布置，构件及材料的选用和构件计算等。对于闸门门叶及埋件钢材钢号，一般根据工作环境情况，按《水电工程钢闸门设计规范》（NB 35055—2015）的要求选配；为方便制造，小型闸门多为铸铁闸门，大型闸门一般采用焊接结构，其连接材料从常用材料手册选用。

2.5.3.1　面板设计

面板在钢闸门结构中的作用可以分为两点：①面板直接挡水并在水荷载的作用下承受局部弯曲作用；②面板参与闸门的整体弯曲作用。因此，在设计面板时也要根据这两点分别进行，一方面要选择合适的面板厚度，另一方面要考虑面板参与梁系工作的有效宽度问题。

面板区格与主梁、次梁的布置数量有关，区格一般以横宽矩形为多，其水平横边与竖边的比值规范建议大于 1.5，闸门结构部件间的相互布置存在比选优化的分析工作。

1. 面板厚度初选

在初选面板厚度时，面板厚度 δ 值可按下式确定：

$$\delta = a\sqrt{\frac{K_y q}{\alpha [\sigma]}} \tag{2.6}$$

式中：a 为面板区格短边的长度，区格由面板与主（次）梁的连接焊缝算起；K_y 为面板计算区格长边中点的弯曲应力系数，可查《水电工程钢闸门设计规范》（NB 35055—2015）中不同约束条件下矩形弹性薄板受均载的弯应力系数表得到；q 为面板区格中心的水压力强度；α 为弹塑性调整系数，$b/a > 3$ 时，$\alpha = 1.4$，$b/a \leqslant 3$ 时，$\alpha = 1.5$，其中，b 为面板区格长边的长度；$[\sigma]$ 为钢材的抗弯容许应力。

在面板初选厚度的基础上，考虑到使用环境锈蚀因素及相关业主要求，一般增加 1.2mm 的腐蚀裕度，但设计计算仍然采用初选厚度值。

2. 面板折算应力计算

面板的局部弯曲应力 σ_{mx}、σ_{my}，按照四边固定，或三边固定一边简支，或两相邻边固定另外两相邻边简支的弹性薄板承受均布荷载（对于露顶闸门的顶区格按三角形荷载）计算，具体计算如下。

如图 2.16（a）所示，当面板的边长比 $b/a > 1.5$，且布置在沿主梁方向时，按照式（2.7）～式（2.9）验算面板 A 点的折算应力：

$$\sigma_{zh} = \sqrt{\sigma_{my}^2 + (\sigma_{mx} - \sigma_{ox})^2 - \sigma_{my}(\sigma_{mx} - \sigma_{ox})} \leqslant 1.1\alpha[\sigma] \tag{2.7}$$

$$\sigma_{my} = \frac{K_y q a^2}{\delta^2} \tag{2.8}$$

$$\sigma_{mx} = \mu \sigma_{my} \tag{2.9}$$

式中：σ_{zh} 为面板的折算应力；σ_{my} 为垂直于主（次）梁轴线方向面板支承长边中点的局部弯曲应力，取绝对值；σ_{mx} 为面板沿主（次）梁轴线方向的局部弯曲应力，取绝对值；σ_{ox} 为面板验算点的主（次）梁上翼缘的整体弯曲应力，取绝对值；μ 为泊松比，取 $\mu = 0.3$。

如图 2.16（b）、（c）所示，当面板的边长比 $b/a \leqslant 1.5$，或面板长边布置方向与主梁轴线垂直时，还应按式（2.10）～式（2.13）验算面板 B 点的折算应力：

$$\sigma_{zh} = \sqrt{\sigma_{my}^2 + (\sigma_{mx} + \sigma_{ox})^2 - \sigma_{my}(\sigma_{mx} + \sigma_{ox})} \leqslant 1.1\alpha[\sigma] \tag{2.10}$$

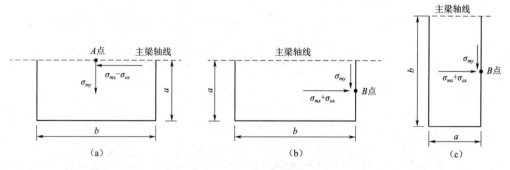

图 2.16　面板布置图

$$\sigma_{mx} = \frac{K_y q a^2}{\delta^2} \tag{2.11}$$

$$\sigma_{my} = \mu \sigma_{mx} \tag{2.12}$$

$$\sigma_{ox} = (1.5\xi_1 - 0.5)M/W \tag{2.13}$$

式（2.10）～式（2.13）中：σ_{my} 为垂直于主梁轴线方向的局部弯曲应力，取绝对值；σ_{mx} 为面板沿主梁轴线方向的局部弯曲应力，取绝对值；σ_{ox} 为面板验算点的主梁上翼缘的整体弯曲应力，取绝对值；ξ_1 为面板兼作主（次）梁上翼缘的有效宽度系数，见表 2.4；M 为面板验算点主梁的弯矩；W 为面板验算点主梁的截面抵抗矩；其余符号意义同前。

表 2.4　　　　　　　　　　　　　面板的有效宽度系数

l_0/b	0.5	1	1.5	2	2.5	3	4	5	6	8	10	20
ξ_1	0.2	0.4	0.58	0.7	0.78	0.84	0.9	0.94	0.95	0.97	0.98	1
ξ_2	0.16	0.3	0.42	0.51	0.58	0.64	0.71	0.77	0.79	0.83	0.86	0.92

注　1. l_0 为主（次）梁弯矩零点的间距。对于简支梁来说 $l_0 = l$；连续梁的正弯矩段近似地取 $l_0 = 0.6l \sim 0.8l$，负弯矩段近似地取 $l_0 = 0.4l$，其中 l 为主（次）梁的跨度。

　　2. ξ_1 适用于梁的正弯矩图为抛物线图形；ξ_2 适用于梁的负弯矩图近似地取为三角形。

3. 面板兼作主（次）梁翼缘的有效宽度计算

如图 2.17 所示，当面板与梁格连接时，应考虑面板参与主（次）梁翼缘工作。对于简支梁或连续梁中正弯矩段，面板兼作主（次）梁翼缘的有效宽度可按式（2.14）～式（2.16）计算，取其中较小值。

$$B = \xi_1 b \tag{2.14}$$

$$\left.\begin{array}{l} B \leqslant 60\delta + b_l \quad (\text{Q235 钢}) \\ B \leqslant 50\delta + b_l \quad (\text{Q345、Q390 钢}) \end{array}\right\} \tag{2.15}$$

$$b = (b_1 + b_2)/2 \tag{2.16}$$

式（2.14）～式（2.16）中：b 为主、次梁的间距，b_1、b_2 见图 2.17；b_l 为梁肋宽度，当梁另有上翼缘时，为上翼缘宽度；其余符号意义同前。

2.5.3.2　主梁设计

主梁的形式可按照跨度和荷载情况采用实腹式或桁架式。实腹式主梁适用性强、承载

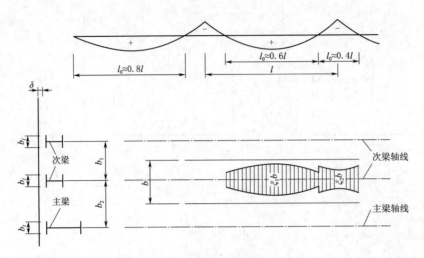

图 2.17　面板有效宽度系数示意图

力大，被广泛应用于各种类型的闸门中；桁架式主梁通常仅用于大跨度的露顶闸门及新型与特型闸门中。本书主要讨论常见的实腹式主梁设计。实腹式主梁以组合梁居多，在选择组合梁截面尺寸时要综合考虑强度、刚度、稳定性及经济的要求。

1. 内力计算

由于主梁按照等荷载原则布置，计算主梁上荷载时只需要将闸门在跨度方向上的总水压力 P 除以主梁的根数 n，即 $q = P/n$。

主梁可按两端简支梁计算，计算简图见图 2.18，典型主梁截面形式见图 2.19。

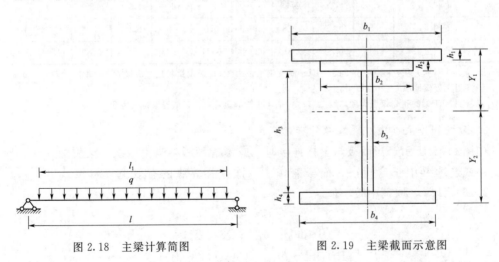

图 2.18　主梁计算简图　　　　　　　　图 2.19　主梁截面示意图

主梁所承受的最大弯矩、剪力分别为

$$M_{\max} = \frac{1}{4} q l_1 \left(l - \frac{1}{2} l_1 \right) \tag{2.17}$$

$$Q_{\max} = \frac{1}{2}ql_1 \tag{2.18}$$

式 (2.17)、式 (2.18) 中：q 为主梁线荷载，kN/m；l_1 为主梁荷载宽度，m；l 为主梁支承跨度，m；$M_{\max}$ 为最大弯矩，kN·m；$Q_{\max}$ 为最大剪力，kN。

2. 截面选择

(1) 截面形式的选择。平面钢闸门主梁横向截面一般采用"工"字形、T 形、Ⅱ 形、箱形等。"工"字形截面梁由于构造简单、加工方便、截面尺寸易于控制等特点应用最多；双腹板箱形截面梁抗扭刚度和侧向抗弯刚度大，但加工制作较为费劲，一般在荷载和跨度较大而梁高受到限制时采用；T 形和 Ⅱ 形是这两种情况的一个特例。平面钢闸门主梁纵向截面主要有等截面和变截面两种，变截面相对较为省料，在闸门跨度较大时使用较为经济。跨度较大的表孔闸门由挠度控制，纵向截面多采用变截面"鱼腹梁"；深孔闸门由应力控制，多采用等截面"深梁"（一般将跨高比 $l/h \le 2.0$ 的简支梁和 $l/h \le 2.5$ 的连续梁称为深梁，$l/h \ge 5.0$ 的梁称为浅梁，其中，l 为梁的支承跨度，h 为梁的截面高度）。为提高计算精度，高水头闸门应采用考虑剪切变形的深梁理论。

(2) 梁高尺寸。实腹式主梁高度 h 的选取必须满足最小梁高的要求，且要考虑经济因素。h 取值一般以最小梁高作为下界，控制在经济梁高的 90% 左右为宜。另外，实腹式组合梁也可按变高度设计，端部梁高取跨中梁高的 0.4~0.6 倍，梁高改变的位置距支座 1/6~1/4 跨度处。

最小梁高 $h_{\min}$（刚度要求）公式：

$$h_{\min} = 0.21 \frac{[\sigma]l^2}{E[f]} \quad \text{(等截面梁)} \tag{2.19}$$

$$h_{\min} = 0.23 \frac{[\sigma]l^2}{E[f]} \quad \text{(变截面梁)} \tag{2.20}$$

式 (2.19)、式 (2.20) 中：$[f]$ 为主梁容许挠度，mm；$[\sigma]$ 为钢材容许应力，考虑闸门自重引起的附加应力宜乘以系数 0.9，N/mm²；E 为钢材弹性模量，N/mm²；l 为主梁支承跨度，mm。

经济梁高 h_e（自重最轻）公式：

$$h_e = 3.1W^{0.4} \quad \text{(等截面梁)} \tag{2.21}$$

$$h_e = 2.8W^{0.4} \quad \text{(变截面梁)} \tag{2.22}$$

式 (2.21)、式 (2.22) 中：W 为梁所需要的截面抵抗矩，cm³；h_e 为经济梁高，cm。

其中，$W = M_{\max}/[\sigma]$

(3) 腹板尺寸。腹板高度 h_0 与梁高 h 相差不大，一般可在上述梁高基础上减去钢板宽度级别差（50mm）作为腹板高度。

腹板厚度 t_w 按以下经验公式计算：

$$t_w = \frac{\sqrt{h_0}}{11} \tag{2.23}$$

式中：t_w 为腹板厚度，$t_w \ge 0.8$cm，cm；h_0 为腹板高度，cm。

(4) 翼缘尺寸。根据强度要求，每个翼缘所需截面面积 A 为

$$A \approx \frac{W}{h_0} - \frac{t_w h_0}{6} \tag{2.24}$$

翼缘宽度为

$$b_1 = \frac{h}{2.5} \sim \frac{h}{5} \tag{2.25}$$

式中：b_1 为翼缘宽度，mm；h 为主梁高度，mm。

翼缘厚度满足：

$$t_1 \geqslant \frac{b_1}{30} \sqrt{\frac{f_y}{235}} \tag{2.26}$$

式中：b_1 为翼缘宽度，mm；f_y 为钢材的屈服强度，N/mm^2；t_1 为翼缘厚度，mm。

3. 截面特性计算

以典型主梁截面（图 2.19）为例，主梁截面特性计算公式如下：

$$F = b_1 h_1 + b_2 h_2 + b_3 h_3 + b_4 h_4 \tag{2.27}$$

$$S_0 = \frac{1}{2} b_1 h_1^2 + b_2 h_2 \left(h_1 + \frac{h_2}{2} \right) + b_3 h_3 \left(h_1 + h_2 + \frac{h_3}{2} \right) + b_4 h_4 \left(h_1 + h_2 + h_3 + \frac{h_4}{2} \right) \tag{2.28}$$

$$Y_1 = S_0 / F \tag{2.29}$$

$$Y_2 = h_1 + h_2 + h_3 + h_4 - Y_1 \tag{2.30}$$

$$I_x = \frac{1}{12} b_1 h_1^3 + b_1 h_1 \left(Y_1 - \frac{1}{2} h_1 \right)^2 + \frac{1}{12} b_2 h_2^3 + b_2 h_2 \left(Y_1 - h_1 - \frac{h_2}{2} \right)^2$$

$$+ \frac{1}{12} b_3 h_3^3 + b_3 h_3 \left(Y_1 - h_1 - h_2 - \frac{h_3}{2} \right)^2 + \frac{1}{12} b_4 h_4^3 + b_4 h_4 \left(Y_1 - h_1 - h_2 - h_3 - \frac{h_4}{2} \right)^2$$

$$\tag{2.31}$$

$$W_1 = I_x / Y_1 \tag{2.32}$$

$$W_2 = I_x / Y_2 \tag{2.33}$$

$$S_x = b_1 h_1 \left(Y_1 - \frac{1}{2} h_1 \right) + b_2 h_2 \left(Y_1 - h_1 - \frac{h_2}{2} \right) + \frac{1}{2} b_3 \left(Y_1 - h_1 - h_2 - \frac{h_3}{2} \right)^2 \tag{2.34}$$

式（2.27）～式（2.34）中：F 为所验算截面面积，mm^2；S_0 为所验算截面对面板外缘的静矩，mm^3；Y_1，Y_2 为所验算截面边缘至中性轴的距离，mm；I_x 为所验算截面对中性轴的惯性矩，mm^4；W_1，W_2 为所验算截面对中性轴的截面抵抗矩，mm^3；S_x 为 X 轴以上/下截面对中性轴的静矩，mm^3。

4. 强度和刚度计算

闸门主梁属于受弯构件，跨中截面最大弯曲应力为

$$\sigma_{max} = M_{max} / W \tag{2.35}$$

式中：M_{max} 为主梁最大弯矩，kN·m；W 为所验算截面对中性轴的截面抵抗矩，mm^3。

支座处截面最大剪切应力为

$$\tau_{max} = \frac{Q_{max} S_x}{I d} \tag{2.36}$$

式中：Q_{max} 为主梁最大剪力，kN；S_x 为 X 轴以上/下截面对 X 轴的静矩，mm^3；I 为截

面对 X 轴的惯性矩，mm^4；d 为所验算截面腹板计算厚度，mm。

由于梁高在选取时受最小梁高条件的控制，故不需验算挠度。

5. 稳定性验算

闸门面板与主梁焊牢，面板兼做梁的翼缘，此种情况下按规定可不必验算整体稳定性。当符合式（2.37）时，不必验算其主梁腹板的局部稳定性。

$$\frac{h_0}{t_w} \leqslant 80\sqrt{\frac{235}{f_y}} \tag{2.37}$$

式中：f_y 为钢材的屈服强度，N/mm^2；h_0 为腹板高度；t_w 为腹板厚度。

当 $80\sqrt{\frac{235}{\sigma_s}} \leqslant \frac{h_0}{t_w} \leqslant 160\sqrt{\frac{235}{f_y}}$ 时，应配置横向加劲肋；当 $\frac{h_0}{t_w} > 160\sqrt{\frac{235}{f_y}}$ 时，除配置横向加劲肋外还应配置纵向加劲肋。其中，σ_s 为材料的屈服点。

2.5.3.3 次梁设计

根据闸门梁系布置特点，水平次梁一般作为连续多跨梁计算，如次梁断开，可作为简支梁计算。次梁上的作用荷载可通过相邻间距和之半法求得［式（2.38）、式（2.39）］。

$$q_i = \frac{1}{2}(p' + p'')b_i \tag{2.38}$$

$$b_i = \frac{1}{2}(b_{i-1} + b_{i+1}) \tag{2.39}$$

式（2.38）、式（2.39）中：b_i，b_{i-1}，b_{i+1} 为相邻主次梁间距，m；p'，p'' 为相邻主次梁处的水压强度，kN/mm^2；q_i 为第 i 个主（次）梁处的线荷载；kN/m。

根据次梁的受力图计算出次梁的最大内力，之后参考主梁相关设计内容，验算其强度、刚度和稳定性。

2.5.3.4 联结系设计

1. 横向联结系

（1）横向联结系的布置：应对称于闸门的中心线，一般布置 1～3 道，数目宜取奇数，间距不宜超过 4～5m，并通常按等间距布置。

（2）横向联结系的形式：应根据主梁的截面高度、间距和数目而定，主要有实腹隔板式和桁架式两种。

1）实腹式隔板的截面设计。横隔板的应力一般均较小，其尺寸可按构造要求及稳定条件确定。隔板的截面高度与主梁的截面高度相同，其腹板厚度一般采用 8～12mm，前翼缘可利用面板兼作而不必另行设置；后翼缘可采用厚度为 10～12mm、宽度为 100～200mm 的扁钢。为减轻门重，可在隔板中间弯曲应力较小区域开孔，但孔边需用扁钢镶固。

2）横向桁架是支承在主梁上的双悬臂桁架，其上弦杆为闸门的竖向次梁，一般为压弯构件，腹杆及下弦杆为轴心受力构件。

2. 纵向联结系

纵向联结系位于闸门各主梁后翼缘之间的竖平面内，多为桁架式，可按照简支平面桁架计算。

2.5.3.5　边梁设计

平面钢闸门支承边梁采用实腹式，滑动支承宜用单腹式边梁，简支轮支承宜用双腹式边梁。边梁主要承受由主梁等水平梁传来的水压力产生的弯矩，纵向联结系和吊耳传来的结构自重、摩阻力，以及启闭力等竖向荷载产生的拉力或压力。

边梁的截面尺寸可根据构造要求确定，然后进行强度计算。边梁截面高度与主梁端部的高度齐平，腹板厚度宜取 8～14mm，翼缘厚度比腹板加厚 2～6mm，单腹式边梁翼缘一般由滑块或滚轮的要求决定，翼缘宽度不宜小于 200mm；双腹式边梁腹板间距由滚轮大小决定，翼缘宽度一般不小于 300mm。钢闸门处于关闭状态时，按压弯构件校核强度；处于开启状态时，按拉弯构件校核截面强度。

2.5.3.6　零部件设计

平面钢闸门的支承有滑道式与滚轮式两种。滑道式支承制造简单、经济，目前广泛采用复合材料滑道；滚轮式支承受力较为明确，一般按照等荷载布置，滚轮材料多为铸钢。滑道支承设计的基本步骤是：根据闸门的工作条件、荷载与跨度确定支承布置，再利用滑块线载荷计算简图计算最大支承压力，以此确定轨顶圆弧半径与轨头设计宽度。

选择轨道的形式主要依据轮压的大小。当轮压 $P \leqslant 200\text{kN}$ 时，采用轧制工字钢；当 $200\text{kN} < P < 500\text{kN}$ 时，采用重型钢轨或起重钢轨；当 $P \geqslant 500\text{kN}$ 时，采用铸钢轨道。同时为提高轨道的侧向刚度，宜将主轮轨道与门槽护角钢相连接。设计验算时重点复核轨顶与腹板之间的压应力及轨道与混凝土的承压应力。

止水是为了防止闸门与门槽之间的缝隙漏水而设置的。露顶式钢闸门有侧止水与底止水；潜孔钢闸门还有顶止水；叠梁门尚需在各节门叶之间设置中间止水。止水常用形式有 P 形和条形，布置通常随面板位置而定。

吊耳是连接闸门与启闭设备的重要部件，由中间预留孔的钢板做成，宜布置于钢闸门的重心与行走支承之间的闸门顶端。吊耳可根据闸门高跨比及启闭设备的布置要求设置为单吊点或双吊点。在设计吊耳前必须要根据闸门的运行工况求得启闭力，初定尺寸后要验算吊耳孔壁的局部承压力及孔壁的拉应力。

2.6　弧形钢闸门设计及计算

2.6.1　弧形钢闸门结构布置

弧形闸门是水利水电工程中普遍采用的门型之一，它具有结构简单、启闭力小、操作简便、水流条件好等优点，适合作为泄水建筑物上的工作闸门。

弧形钢闸门分为露顶式弧形闸门和潜孔式弧形闸门。露顶式弧形闸门曲率半径 R 一般取门高的 1.0～1.5 倍，潜孔式弧形闸门面板曲率半径 R 可取门高的 1.2～2.2 倍。弧形闸门的支铰位置应尽量布置在不受水流急漂浮物冲击的高程上。对于溢流坝上的露顶式弧形闸门，其支铰位置一般可布置在 $\frac{1}{3}H \sim \frac{3}{4}H$（$H$ 为门高）处，并高于该处最高泄洪水面线；对于水闸的露顶式弧形闸门，其支铰位置可布置在 $\frac{2}{3}H \sim H$ 处，并高于下游最高水位。潜孔式弧形闸门支铰位置则可布置在$1.1H$以上，使支铰不直接受水流冲击。

2.6.2 主框架内力计算

2.6.2.1 荷载计算

主梁荷载计算如图2.20所示，弧形钢闸门在关闭挡水时的静水压力可以分解为静水平水压力和静垂直水压力两部分来进行计算，具体按照下式计算：

$$P_x = \frac{1}{2}\gamma_w H_s^2 B \tag{2.40}$$

$$P_y = \frac{1}{2}\gamma_w R^2 B \left\{ \Phi - 2\sin\Phi_1\cos\Phi_2 + \frac{1}{2}\left[\sin(2\Phi_1) - \sin(2\Phi_2)\right] \right\} \tag{2.41}$$

$$P = \sqrt{P_x^2 + P_y^2} \tag{2.42}$$

式（2.40）～式（2.42）中：P_x为静水平水压力；P_y为静垂直水压力；γ_w为水的容重；H_s为闸门设计水头；B为封水宽度；Φ、Φ_1、Φ_2分别为弧面顶点、水平面与弧面底部点两两的夹角，具体见图2.20。

总水压力作用方向

$$\Phi_3 = \arctan\frac{P_y}{P_x} \tag{2.43}$$

弧形钢闸门总水压力计算出后，按照主梁方向将其进行分解，即可得到作用在弧形钢闸门下、上主梁上的荷载P_1和P_2，具体按照下式计算：

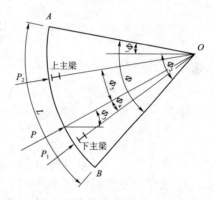

图2.20 主梁荷载计算示意图

$$P_1 = P\frac{\sin\Phi_5}{\sin(\Phi_4 + \Phi_5)} \tag{2.44}$$

$$P_2 = P\frac{\sin\Phi_4}{\sin(\Phi_4 + \Phi_5)} \tag{2.45}$$

2.6.2.2 主框架梁系内力计算

闸门关闭时，Ⅱ形框架由水压力引起的框架内力如图2.21所示。

计算得出各相关内力如下：

$$V = \frac{1}{2}qL \tag{2.46}$$

$$H' = \frac{qb\left[b + 2a\left(2K_0 + 3\right)\right]}{4h\left(2K_0 + 3\right)} + \frac{qac}{h} - \frac{3qc^2}{2h\left(2K_0 + 3\right)} \tag{2.47}$$

$$N = V\frac{h}{h'} + H'\frac{a}{h'} \tag{2.48}$$

$$M_c = -\frac{qc^2}{2} \tag{2.49}$$

$$M_h = Va - H'h \tag{2.50}$$

$$M = M_c + M_h \tag{2.51}$$

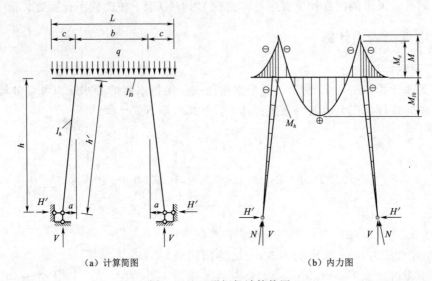

（a）计算简图　　　　　　　　　　　（b）内力图

图 2.21　Ⅱ形框架计算简图

$$M_{l0} = \frac{qb^2}{8} + M_c + M_h \qquad (2.52)$$

$$K_0 = \frac{I_{l0}h'}{I_h b} \qquad (2.53)$$

式（2.46）～式（2.53）中：b 为主梁计算跨度；h' 为斜支臂长度；N 为斜支臂轴向压力；I_{l0} 为框架主梁截面惯性矩；I_h 为框架支臂截面惯性矩；V 为支铰处反力；H' 为支铰水平推力；q 为均布荷载；L 为荷载宽度；l_0 为框架主梁计算跨度，即主梁中和轴线与支臂轴线交点之间距离；h 为框架支臂长度；c 为框架主梁悬臂段长度；M 为主梁与支臂刚接点处负弯矩；M_c 为框架主梁悬臂端处负弯矩；M_h 为支臂上的弯矩；M_{l0} 为框架主梁跨中弯矩。

2.6.3　弧形钢闸门结构设计

2.6.3.1　主框架梁系设计

1．主框架横梁设计

主梁除了承受弯矩外，还需要承受框架水平推力产生的轴向压力，可按照偏心受压构件计算，主要验算跨中和支座两个断面。

（1）跨中断面。

正应力：

$$\sigma = \frac{N}{A_j} \pm \frac{M}{W_j} \leqslant [\sigma] \qquad (2.54)$$

式中：N 为主梁轴向压力；M 为主梁跨中弯矩；A_j 为主梁跨中截面面积；W_j 为主梁跨中截面抵抗矩。

（2）支座断面。

正应力：

$$\sigma = \frac{N}{A_j} \pm \frac{M}{W_j} \leqslant [\sigma] \tag{2.55}$$

式中：M 为主梁支座处弯矩。

切应力：

$$\tau = \frac{QS}{Id} \leqslant [\tau] \tag{2.56}$$

式中：Q 为主梁支座处剪力；S 为主梁支座处截面对中性轴的面积矩；d 为主梁腹板计算厚度。

折算应力：

$$\sigma_{zh} = \sqrt{\sigma^2 + 3\tau^2} \leqslant 1.1[\sigma] \tag{2.57}$$

式中：σ、τ 为支座处主梁腹板高度边缘同一点上同时产生的正应力和切应力。

对于面板布置在上游侧的闸门，面板在梁的受压翼缘并与其牢固相连、能阻止梁受压翼缘的侧向位移时，弧形钢闸门的面板在上游侧，可不计算主梁的整体稳定性。

为保证主梁腹板的稳定性，可在腹板上配置横向加劲肋或在配置横向加劲肋的同时在腹板受压区配置纵向加劲肋，具体参照以下原则：当 $\frac{h_w}{t_w} \leqslant 80\sqrt{\frac{235}{\sigma_s}}$ 时，一般梁可不配置加劲肋；当 $80\sqrt{\frac{235}{\sigma_s}} < \frac{h_w}{t_w} \leqslant 160\sqrt{\frac{235}{\sigma_s}}$ 时，应配置横向加劲肋；当 $\frac{h_w}{t_w} > 160\sqrt{\frac{235}{\sigma_s}}$ 时，除配置横向加劲肋外还应配置纵向加劲肋。

闸门主梁为受弯构件，还应对其挠度进行验算，其最大挠度与计算跨度之比不应超过下列数值：潜孔式工作闸门和事故闸门主梁，1/750；露顶式工作闸门和事故闸门主梁，1/600；检修闸门和拦污栅主梁，1/500。

2. 次梁设计

水平次梁支承在隔板上，按照受均布荷载的多跨连续梁计算。具体计算步骤如下：

（1）内力计算。如图 2.22 所示，面板上的水压力平均分配给两根相邻次梁，次梁的荷载可以按式（2.58）计算，根据次梁的荷载 q_i 可以进一步计算出次梁的弯矩 M 和剪力 Q。

$$q_i = \gamma \gamma_w h_i B_i \tag{2.58}$$

$$B_i = \frac{l_i + l_{i+1}}{2} \tag{2.59}$$

式（2.58）、式（2.59）中：q_i 为第 i 根次梁荷载大小；γ 为动力系数，宜取 1.0～1.2，露顶式弧形钢闸门主梁与支臂宜取 1.1～1.2；γ_w 为水的容重；h_i 为第 i 根次梁荷载作用水头；B_i 为第 i 根次梁荷载作用宽度；l_i 为

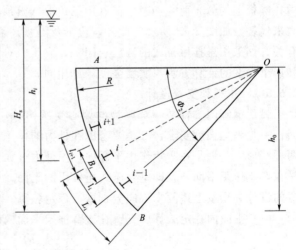

图 2.22 次梁计算示意图

L_i—第 i 根次梁与弧面底部点的距离

第 i 根次梁与第 $i-1$ 根次梁的间距。

（2）强度计算。按式（2.60），由次梁的最大弯矩计算得到次梁所需的截面抵抗矩 W，根据截面抵抗矩 W 选取合适的型钢进行强度验算，并按式（2.61）~式（2.63）验算正应力和剪应力，保证所选型钢的应力在允许范围内。同时，次梁作为连续梁，其边跨支座处的弯矩及剪力均较大，还需验算其折算应力，具体按照式（2.63）计算。

$$W \geqslant \frac{M_{\max}}{[\sigma]} \tag{2.60}$$

$$\sigma = \frac{M}{W_j} \leqslant [\sigma] \tag{2.61}$$

$$\tau = \frac{QS_x}{Id} \leqslant [\tau] \tag{2.62}$$

$$\sigma_{zh} = \sqrt{\sigma^2 + 3\tau^2} \leqslant 1.1[\sigma] \tag{2.63}$$

式（2.60）~式（2.63）中：Q 为计算平面沿腹板平面作用的剪力；I 为计算截面惯性矩；S_x 为计算剪应力处以上或以下截面对中性轴的面积矩（静矩）；d 为次梁腹板计算厚度；$[\sigma]$ 为钢材的抗弯容许应力；$[\tau]$ 为钢材的抗剪容许应力。

（3）刚度计算。按式（2.64）求出次梁挠度 f：

$$f = \frac{kql^4}{EI} \tag{2.64}$$

式中：E 为次梁材料的弹性模量；k 通过查规范附录表求得；l 为跨度；q 为荷载强度。

要求 $f_{\max} \leqslant [f]$，对于一般次梁，其许可挠度 $[f] = 1/250$。

3. 边梁及隔板设计

隔板同时兼作竖直次梁，它主要承受次梁、顶梁和底梁传递的集中荷载以及面板传递的分布荷载，并将荷载传递给主梁。

隔板腹板在主梁处被切断并焊接在主梁的腹板上。设计隔板时，对于双支臂结构，可将其视为两端带悬臂的简支梁；对于三支臂结构，可将其视为两端带悬臂的连续梁。将作用在隔板上的分布荷载和集中荷载用三角形（露顶闸门）或梯形（潜孔闸门）分布的水压力来代替，如图 2.23 所示。此外，边梁及隔板还需要承受启闭荷载，这个与吊点的布置有关。如采用悬挂后拉式的液压启闭机，启闭力对隔板（或边梁）的影响往往很大。隔板和边梁强度的计算方法与次梁强度计算相同。

2.6.3.2　主框架支臂设计

弧形钢闸门支臂是一个典型的偏心受压构件，在对其进行设计时，主要考虑两个方面：一是满足强度要求，二是要考虑在外力的作用下支臂的稳定性问题。支臂失稳主要有两种情形：一种是在弯矩作用平面内，因外力过大导致弯曲急剧增加而失去稳定；另一种是在弯矩作用平面外，即垂直于弯矩作用的平面，构件因弯扭变形而失去稳定。因此对支臂的设计必须按上述两个方向分别进行稳定验算。

（1）平面内稳定验算。支臂在支臂框架平面内的整体稳定按式（2.65）计算：

$$\frac{N}{\varphi_x A} + \frac{\beta_{mx} M_x}{\gamma_x W_{1x} \left(1 - 0.8 \dfrac{N}{N_{Ex}}\right)} \leqslant [\sigma] \tag{2.65}$$

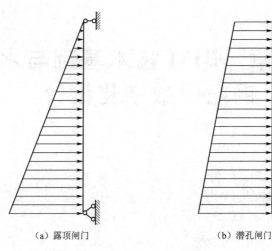

（a）露顶闸门　　　　　（b）潜孔闸门

图 2.23　隔板计算示意图

式中：φ_x 为弯矩作用平面内的稳定系数；γ_x 为截面塑性发展系数；N_{Ex} 为轴心受压杆件 Euler 临界力；β_{mx} 为弯矩作用平面内等效弯矩系数；N 为支臂轴向压力；W_{1x} 为支臂截面抗弯模量；N、M_x 为截面轴力和弯矩；A 为支臂截面面积。

（2）平面外稳定验算。支臂在支臂框架平面外的整体稳定按式（2.66）计算：

$$\frac{N}{\varphi_y A} + \eta \frac{\beta_{tx} M_x}{\varphi_b W_{1x}} \leqslant [\sigma] \qquad (2.66)$$

式中：φ_y 为弯矩作用平面外的稳定系数；φ_b 为整体稳定系数；η 为截面影响系数；β_{tx} 为弯矩作用平面外等效弯矩系数；N 为支臂轴向压力；W_{1x} 为支臂截面抗弯模量；N、M_x 为截面轴力和弯矩；A 为支臂截面面积。

（3）支臂翼缘局部稳定性计算。对于支臂箱形截面：

1）受压翼缘板在两腹板之间的计算宽度与其厚度之比 $\dfrac{b_x}{h_1} < 40\sqrt{\dfrac{2350}{\sigma_s}}$。

2）受压翼缘板外伸宽度与其厚度之比 $\dfrac{b}{h_1} < 13\sqrt{\dfrac{2350}{\sigma_s}}$。

3）支臂腹板局部稳定性计算：

$$\alpha_0 = (\sigma_{max} \sigma_{min}) / \sigma_{max} \qquad (2.67)$$

式中：σ_{max} 为腹板计算高度边缘的最大压应力，近似按支臂最大压应力计算；σ_{min} 为腹板计算高度另一边缘相应的应力，近似按支臂最小压应力计算。

支臂腹板计算高度与其厚度之比为 $\dfrac{h_2}{b_2}$，则

① $\dfrac{h_2}{b_2} > (16\alpha_0 + 0.5\lambda + 25)\sqrt{\dfrac{235}{\sigma_s}}$，腹板需设纵向加劲肋。

② $\dfrac{h_2}{b_2} < (16\alpha_0 + 0.5\lambda + 25)\sqrt{\dfrac{235}{\sigma_s}}$，腹板不设纵向加劲肋。

第 3 章　BIM 技术基础与水工
钢闸门数字化设计

3.1　BIM 技术基础

3.1.1　BIM 的特点

经过 40 多年的发展，BIM 在建筑业中被视为提升项目生产效率、提高建筑质量、缩短建设工期、降低建造成本非常重要的信息化工具。现阶段 BIM 具有以下几个基本特点：

（1）三维可视化。BIM 的可视化是将以往线条式勾勒构件的形式转变为以三维实物的形式直观展现，如图 3.1 所示，进而将项目设计、建造、运营的整个过程可视化，同时为模型碰撞检查、虚拟施工、三维渲染及工程出图等创造了条件。

（a）拦污栅　　　　　　　　　（b）人字闸门　　　　　　　　（c）平面钢闸门

图 3.1　可视化的 BIM 模型

（2）一体化。BIM 的核心是三维模型数据库，能包含建筑从设计到建成甚至使用阶段的全部信息，由此基于 BIM 技术可进行贯穿项目全生命周期的管理。BIM 技术在整个项目中的实施流程见图 3.2。

（3）参数化。BIM 最为重要的特点就是贯穿整个建模过程面向对象的参数化建模。这种方式通过与实物模型关联的特征参数来实现对三维模型的控制，使得模型不再仅仅具有固定的形状和属性对象，并且当特征参数变化时能够自动反映到三维模型中。这里的参数可以是构件的几何数据也可以是非几何属性，如材料的强度、构件造价等信息。将模型参数化不仅能非常便捷地实现在规则的约束下模型的快速调整，以及完全自动、智能化的统计工程量等，同时还利于与其他的专业软件如结构计算、优化仿真软件等进行数据共享。当然，面向对象的参数化 BIM 模型也为解决实际问题，如多专业协调、4D/5D 模拟和优化设计带来极大的便利。

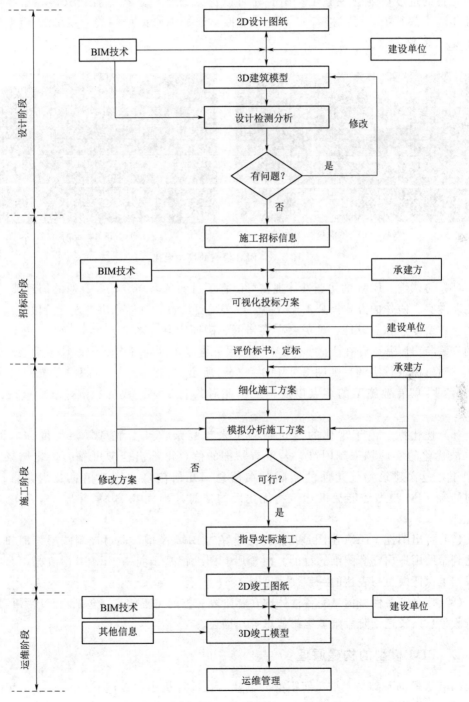

图 3.2　BIM 技术在整个项目中的实施流程

（4）模拟性。BIM 的模拟性体现在项目的全过程中，模拟的内容包括设计出的建筑物模型，以及在真实世界中存在的事物。依托 BIM 模型，在设计阶段可进行节能模拟、日照模拟、安全紧急疏散模拟等；施工阶段结合四维施工模拟软件进行 4D 模拟，制作可控的进度计划管理施工；同时还可以进入数字化远程监控模式，在运维阶段集合建筑物内部数据，可以进行互动场景模拟、维护维修模拟等。应用 BIM 模型模拟的效果见图 3.3。

(a) 水闸实景效果模拟　　　　　　　　　　　(b) 钢围堰施工模拟

图 3.3　BIM 模型的模拟效果

（5）协调性。BIM 的协调性体现在可以将项目的各参与方、各专业的信息整合起来，采用非冲突、协作的方式提高工作效率，改善项目质量。具体来讲，设计阶段协调主要原因在于各个专业独立设计，难免会存在错漏、碰撞问题［图 3.4（a）为某工程液压启闭机的安装与房屋基础存在碰撞］，BIM 协调服务可以帮助将各专业的设计结果展现在模型之上，对碰撞进行协调，如图 3.4（b）、（c）所示。施工阶段协调主要是施工人员通过 BIM 模型了解专业施工的重点以及施工可能对其它专业造成的影响，从而合理地组织施工。

（6）优化性。由于现代的建筑结构越来越复杂，且受信息复杂程度和时间的制约，故优化的实施越来越困难，若没有精准的信息得不出合理可靠的优化结果。BIM 模型正好包含建筑物优化前的实际存在信息（几何信息、物理信息及规则信息等），同时更新 BIM 模型还能提供建筑物优化后的信息，因而在 BIM 基础上能更好地做好优化。

（7）可出图性。BIM 出图是指依托已建好的 BIM 模型，通过控制图层管理和显示管理达到帮助用户出整套图纸的目的。由于所有图纸都基于同一 BIM 模型数据，因此可以从根本上保证模型与表达的一致性，见图 3.5。

（8）信息完备性。信息完备性体现在各阶段完整的工程信息（包括设计阶段信息、施工阶段信息以及运维阶段维护维修信息等）描述。

3.1.2　BIM 模型的构建原理

BIM 建模的基础是三维几何模型的创建，在计算机中要创建并显示三维几何模型就必须要有三维图形系统如常用的 OpenGL、Java3D 等图形引擎的支持。

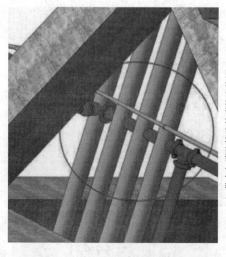

（c）供水与消防管路的碰撞和协调

（b）电缆桥架与建筑物的碰撞和协调

（a）液压启闭机与建筑物的碰撞和协调

图 3.4　BIM 模型的协调示例

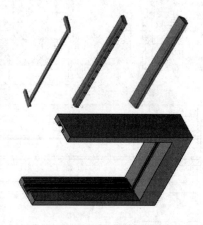

（a）闸门埋件三维模型

图 3.5（一）　BIM 模型与图纸表达效果

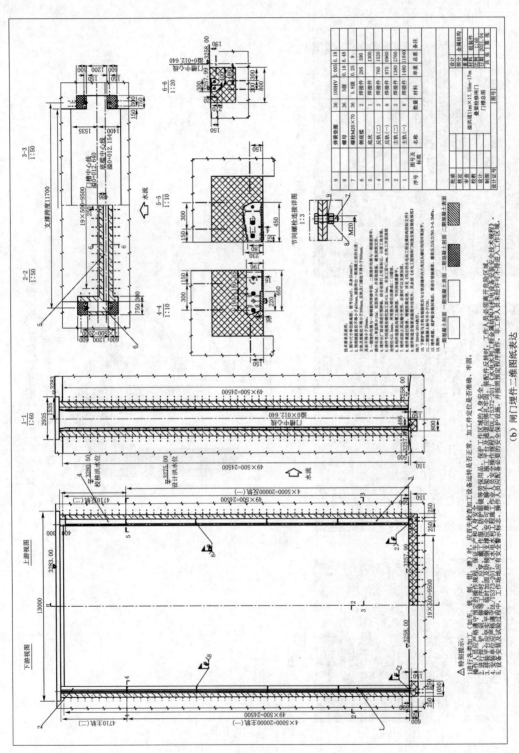

(b)（二）　BIM 模型与图纸表达效果

图 3.5（二）　BIM 模型与图纸表达

　　三维几何模型有线框模型、表面模型和实体模型三种，见图 3.6。线框模型利用基本的线素，包括点、直线、曲线及自由曲线，定义设计对象的棱线构成的立体框架，只能描述出对象的外形轮廓。表面模型利用面素，包括平面、曲面及其组合面，对实体的各个表面构造进行完整的描述，可生成逼真的立体图像。实体模型利用实体体素，包括长方体、圆柱体、球体、椎体、楔形体、圆环体及布尔运算（交集、并集、差集）后的复杂几何体来描述客观事物。另外，实体模型也可以通过将平面对象沿路径拉伸、旋转、放样、扫掠等方式得到。实体模型包含了完整的几何信息、拓扑信息，利用实体模型可从中直接提取实体的物理特性，如体积、表面积、重心位置等，也可以退化为低级的线框模型和表面模型。

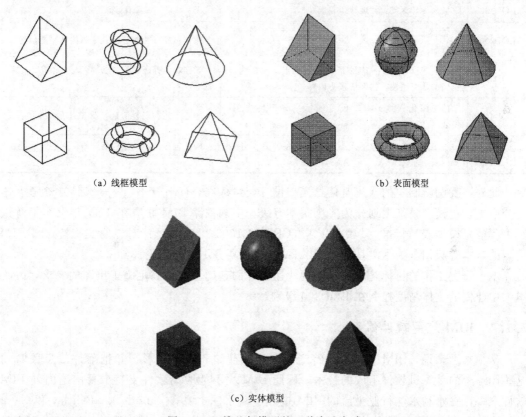

（a）线框模型　　　　　　　　　　　　　　（b）表面模型

（c）实体模型

图 3.6　三维几何模型的三种表达方式

　　在现今 BIM 建模软件中，为提高建模的效率及完整展现模型的几何拓扑关系，以创建实体模型为主。

3.1.3　BIM 模型的精度

　　谈及建模，就必然要考虑建模的精度问题。建模精度的高低不仅会影响建模的效率，还会影响到模型的应用深度。若模型精度太低会影响应用的效果，精度太高就意味着要投入大量的时间、精力与财力，产生的模型不仅庞大，使模型浏览体验不流畅，而且过剩功能也没有用处。要做到合理控制，就要根据项目的特点、项目实施阶段、项目中 BIM 的应用深度需求以及当前的 BIM 技术水平，科学地确定建模精度。

在 2008 年，美国建筑师协会（American Institute of Architects，AIA）为了规范 BIM 技术在项目各参与方及项目应用各阶段的使用，对 BIM 模型几何信息与非几何信息的细致程度（level of details，LOD）作了规定。从概念设计阶段到竣工设计阶段，LOD 被定义为 5 个等级，即 LOD 100～LOD 500，详见表 3.1。应用表明，LOD 模型精度能有效地把控模型要求和内容，确保了各阶段工作责任方能按质完成任务。

表 3.1　　　　　　　　　　　　　　　　BIM 建模精度等级划分表

等级划分	几 何 信 息	非 几 何 信 息
LOD100	概念设计深度：体现建筑轮廓	无
LOD200	方案设计深度：构件大致数量、大小、形状、位置	建筑布局、功能分区、主体构件材质信息
LOD300	施工图设计深度：能够指导现场施工，包括构件精确的几何属性、构件搭接等内容	详细功能分区、设备功率、材质信息、工程量等内容
LOD400	施工深化深度：构件模型能够指导现场施工、安装	加工工艺、安装信息、设备的功率、价格等
LOD500	竣工运维管理：包括所有构件、设备的真实外观及位置	构件包含品牌、供应商、维保周期、功能说明等

此外，我国新制定的《建筑信息模型设计交付标准》（GB/T 51301—2018）参考上述划分原则，将模型精细度划分为 4 个基本等级。中国铁路 BIM 联盟在 2017 年发布了《铁路工程信息模型表达标准（1.0 版）》（CRBIM 1003—2017），针对专业实施特点将 BIM 模型的基本等级划分为六级，相比于 AIA 的标准划分更完整、更详细。

本书研究工作的目标是能够在实现快速设计的基础上达到满足施工出图的要求，因此本书中建模的主体精度控制在 LOD300 级别。

3.1.4　BIM 应用软件体系

从根本上来说，BIM 就是一群特定的、具有存储和操纵图形，并把附件信息关联到这些图形上的计算机软件组成的技术，因此 BIM 决不能脱离软件支持。目前国内外 BIM 软件众多，在水利水电行业主流的 BIM 核心建模软件主要有 Autodesk、Bentley 和 Catia 3 个平台体系，行业内简称为 "ABC" 三大平台，详见图 3.7（a），其余功能性软件按照 "何式分类法" 划分，见图 3.7（b）。

主流的 BIM 核心建模软件中，Autodesk 公司借助 AutoCAD 制图软件的市场优势以及自身强大的协同功能，使其 Revit 在房建领域建筑、结构及机电系列中占据较大市场；Bentley 系列软件产品是基于 Microstation 开发的工具组，在市政、道路及桥梁等基础设施领域，以及医药、石油及化工工厂建筑、结构及设备系列应用中占有独特优势；达索（Dassault Systemes）旗下的 Catia 软件，是一款造型功能十分强大的软件，尤其对复杂形体和超大规模建筑的表现能力、建模能力和信息管理能力都较传统类软件有明显优势，且参数化建模及出图能力优异，较契合金属结构专业的特点，适用于机械结构、航空

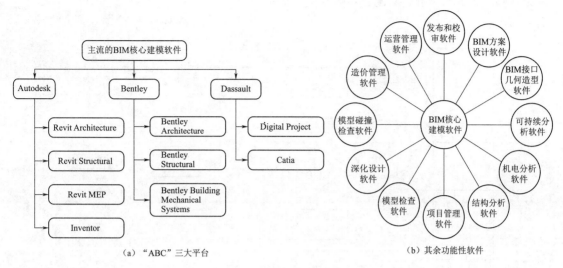

（a）"ABC"三大平台　　　　　　　　　（b）其余功能性软件

图 3.7　现阶段 BIM 软件体系

航天及汽车造船工业等领域。

选择一款好的建模软件，对建立高质量的模型有事半功倍的效果。以上各三维设计平台在设计原理和实现途径上大同小异，功能上各有千秋，但均可以满足金属结构专业数字化设计的需求。因此，本书重点介绍水工钢闸门数字化设计的通用思路和过程，以 Catia 为例，针对从草图到三维参数化模型、从 CAD 模型到工程图订制、从基础模板建设到资源库管理的全过程，对选择其他平台的设计者也具有很强的参考价值。

3.1.5　基于 BIM 的钢闸门数字化设计

钢闸门是水利水电工程项目中广泛应用的控制设备，保障其安全经济可靠运行对于提升综合效益至关重要。鉴于当前闸门传统设计工作中存在的设计方法不够先进合理，设计任务量大、效率低，设计与数字化工程建设需求脱节等问题，同时考虑到现有研究成果难以满足生产高效、功能多样化的需求，本章在闸门传统设计方法的基础上，结合 BIM 理论及有限元分析方法，提出了一种适用于钢闸门数字化设计分析的方法，以期在结构安全、经济合理的前提下，最大程度地提高闸门的设计效率，提升设计产品质量，并为今后相关结构工程数字化设计提供技术参考。

传统钢闸门设计基本经历了从资料收集与分析、闸门的选型与布置、闸门门体及零部件设计计算到图纸绘制等过程，而钢闸门数字化设计分析方法也是在继承以上传统设计过程的基础上，将 BIM 模型技术与结构有限元分析功能融入，从而实现了计算方式与出图方式的实质性转变。

根据钢闸门的构造特征及设计基本要求，探索形成了一套技术可行，使用方便、高效的钢闸门数字化设计分析方法，其主要思路图 3.8。

将钢闸门看作由主体结构与零部件组成的一个完整结构。主体结构包括面板、主次梁、边梁、联结系等主要承载构件。零部件如止水、主轮、滑块、吊耳等，作为主体结构的附属物，不参与承载，只配合主体结构完成预定的功能。

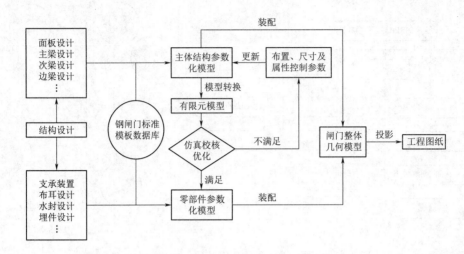

图 3.8　钢闸门数字化设计分析方法基本思路

　　结构设计是数字化设计分析的前期工作，主要任务是依据规范、结合设计经验完成钢闸门门体布置及主体结构、零部件的初设，为后期三维参数化模型的建立提供依据。主体结构参数化模型是数字化设计分析的核心，它既是工程分析及优化的对象，又需要与零部件参数化模型装配形成钢闸门整体模型。零部件参数化模型大多是标准件、系列件及常用件，故可直接调用资源数据库中对应的构件配合使用。

　　在主体模型建立的基础上，利用模型转换技术将其实体模型转换为有限元模型，可避免有限元分析二次重复建模工作。通过比较仿真结果与规范允许值，既可实现结构校核的目的，也可为进一步优化提供准则。结构优化即通过调整主体结构模型的布置、尺寸、属性配置等参数，实现各构件空间布置位置、尺寸关系、材料属性、甚至形式的改变，达到提高设计产品性能及降低投资成本的目的。在这里，如果出现产品整体或局部的力学特性不能满足规范要求，或结构虽满足要求但材料的利用程度较低的情况，则须修改模型控制参数，再次进行工程分析，直至得到受力更加合理、经济最优的门型结构为止。

　　在主体结构定型之后，要使设计的钢闸门发挥灵活调度及控制水量的作用，还需装配必要的零部件，以组成完整的钢闸门结构。在闸门三维整体模型基础上，按照LOD300 级别要求，添加工程信息、材质信息、工程量统计信息等内容，完成现阶段闸门整体 BIM 模型的创建。利用闸门 BIM 模型可以按需投影创建关联的二维工程施工图纸，完成设计出图任务，也可进一步深化应用，如进行协同设计、渲染制作漫游动画等。

　　简言之，钢闸门数字化设计分析方法是在闸门初步设计的基础上进行有限元分析，并以分析结果反馈指导修改设计，最终完成产品定型的过程。这个过程的实现关键在于BIM 建模方法、模型转换方法及结构有限元分析方法的合理运用。

3.2 基于 Catia 的钢闸门数字化设计

3.2.1 Catia 软件简介

Catia 是法国 Dassault System 公司旗下的一款交互式 CAD/CAE/CAM 一体化软件，提供从项目前期方案布置阶段、具体的设计、分析、模拟、组装到维护在内的全部工业设计流程方案，广泛应用于汽车、航空航天、船舶、工业厂房、建筑、电力与电子、消费品和通用机械等领域。Catia 具有强大的曲面造型和先进的混合建模技术，各个模块基于统一数据平台，具有全相关性，并行工程设计模式可实现多专业协同工作，可覆盖产品设计、仿真、制造和运行的全生命周期应用。

从 1982 年至 2012 年，Catia 相继发布了 6 个版本。CatiaV5 版本的开发开始于 1994 年，围绕数字化产品和电子商务集成概念进行系统结构设计，可为数字化企业建立一个针对产品整个开发过程的工作环境。最新版本 V6 平台又称 3D EXPERIENCE 平台，更加注重用户在线虚拟环境中的 3D 体验，加深了工程中的知识产权和产品数据管理，但对计算机硬件要求也更高。Catia V5 版本因界面友好、强大的可视化工具及专用知识的捕捉和重复使用特点深受大家青睐。下面就 Catia V5 版本的常用功能作简单介绍。

3.2.2 Catia 软件常用功能模块

3.2.2.1 创成式外形设计

Catia V5 的创成式外形设计（Generative Shape Design，GSD）模块包括线框和曲面造型功能，它为用户提供了一系列应用广泛、功能强大、使用方便的工具集，以建立和修改用于复杂外形设计所需的各种曲面。同时，创成式外形设计方法采用了基于特征的设计方法和全相关技术，在设计过程中能有效地捕捉设计者的意图，因此极大地提高了设计的质量和效率，并为后续设计更改提供了强有力的技术支撑。

Catia V5 的创成式外形设计模块主要由如下图标菜单组成：

（1）线框造型图标（Wireframe）。

（2）曲面造型图标（Surfaces）。

（3）几何操作图标（Operations）。

（4）分析图标（Analysis）。

（5）约束图标（Constraints）。

（6）规则图标（Law）。

（7）复制图标（Replication）。

（8）已展开外形（Developed Shapes）。

线框造型用于创建点、线、平面、空间曲线以及各种空间交汇连接曲线。曲面造型功能用于创建各种类型的空间曲面。几何操作功能是几何造型功能的重要补充与拓广，为用户提供了大量的曲线曲面的修改、编辑功能，极大地提高了曲面造型效率。分析及约束等图标丰富了曲线曲面的质量检查、快速约束和优化等功能。

创成式外形设计（GSD）模块主要用于钢闸门建模中的骨架设计、复杂空间结构的设计、弧形闸门的支铰设计等。

3.2.2.2　零件设计

零件设计（Part Design，PDG）模块提供了 3D 机械零件设计的强大设计工具。应用"智能实体"设计思想，广泛使用混合建模、关联特征和灵活的布尔运算相结合的方法，允许设计者灵活使用多种设计手法：可以在设计过程中或设计完成以后进行参数化处理；可以在可控关联性的装配环境下进行草图设计和零件设计，在局部 3D 参数化环境下添加设计约束；由于支持零件的多实体操作，还可以轻松管理零件更改，如进行灵活的设计后期修改操作。此外，PDG 图形化的结构树可表示出模型特征的组织层次结构，以便更清晰地了解影响设计更改的因素。设计人员可以对整个特征组进行管理操作，以加快设计更改。

Catia V5 的零件设计模块主要由如下几组图标菜单组成：

（1）基于草图的特征（Sketch Based Features）。

（2）修饰特征（Dress Up Feature）。

（3）基于曲面的特征（Surface Based Features）。

（4）变换特征（Transformation Features）。

（5）布尔操作（Boolean Operations）。

（6）约束图标（Constraints）。

Catia 零件设计模块与其他主流三维设计软件相同，都是基于草图或曲面造型而建立的特征，是三维实体的设计，若通过二维草图确定平面图形轮廓，则利用基于草图的特征工具生成实体；若通过创成式外形设计生成的空间曲面，则利用基于曲面的特征创建实体。再通过各种修饰特征、变换特征以及布尔操作功能对实体编辑、修改，最终完成零件设计。零件设计模块 PDG 为钢闸门三维设计常用模块，用于钢闸门各结构件和实体零件的建模。

3.2.2.3　装配设计

装配设计（Assembly Design，ASD）是机械产品设计不可或缺的一部分，它能够很好地制定产品的结构与特征，方便工程人员对产品的认知，而这也正是 DMU 电子样机的基础。Catia V5 装配设计模块可以方便地定义机械配件之间的约束关系，实现零件的自动定位，并检查装配之间的一致性。它可以帮助设计师自上而下或自下而上地定义、管理多层次的大型装配结构，使零件的设计在单独环境和装配环境中都成为可能。

Catia V5 的装配设计模块主要由如下图标菜单组成：

（1）产品结构工具（Product Structure） 。

（2）移动工具图标（Move Toolbar） 。

（3）装配约束工具（Constraints Toolbar） 。

（4）装配特征工具（Assembly Features Toolbar） 。

（5）空间分析工具（Analyze Tools） 。

装配设计模块是 Catia 最基本的，也是最具有优势和特色的功能模块，包括创建装配体、添加指定的部件或零件到装配体、创建部件之间的装配关系、移动和布置装配成员、生成部件的爆炸图、装配干涉和间隙分析等主要功能。

钢闸门中模型总装配、各部件和装置等装配可通过该模块完成拼装，并可完成装配后的碰撞检查，常用于校核模型的正确性。按装配习惯可有两种设计方法：①自上而下的设计，即在装配工作台中切换到零件设计工作台的设计，在装配模块中创建骨架并发布参考元素或参数，切换到零件设计并引用参考元素或参数，可方便地建立自上而下的关联关系；②自下而上的设计，即由零件到装配的设计，这也是在钢闸门建模中要经常用到的方法，一般先构造零件库并集中在 Catia 的 Catalog 中管理。利用现有资源加速产品的设计效率，避免重复设计。

3.2.2.4 知识工程模块

知识工程是恰当运用专家知识的获取、表达和推理过程的知识信息处理方法。在运用知识工程创建一个设计时，能考虑企业已有的专家知识、经验、企业标准以及各种法规。知识是被捕捉并正式化的，所以工程师可以在一定的自动化程度下直接使用，从而达到最佳的效益。使用 Catia 的知识工程应用工具可以实现变形设计。Catia 中不仅包含产品的几何属性，还可以将其关键属性及行为添加到产品模型中，从而实现在产品模型中引入设计意图和设计要求或设计限制等。

Catia V5 的知识工程工具主要由如下菜单组成：

（1）知识工程工具栏（Knowledgware） 。该基本工具条可用于创建知识工程的基本元素，即各种类型参数和关系式； Design Table 可创建设计表格，与 Excel 表格进行数据交换，用于产品系列化设计，也可锁定参数或建立多个等效尺寸。

（2）知识工程顾问（Knowledge Advisor，KWA）。知识工程顾问 KWA 提供了将知识转化为设计规则、检查项、方程组、设计表格、关联等的工具，从而实现将知识融入设计过程中，减少设计错误，并提供决策支持等。利用其还可实现保存专家知识、保护专家知识不流失的作用和意义。

1）响应特征（Reactive Features）。

2）组织知识工程（Organise Knowledge）。

Rule 工具 用于创建设计规则，这是知识工程中的主要内容。在知识工程中定义规则时，可以使用两种语言：KWE 语言和 Visual Basic 语言。

（3）知识工程专家（Knowledge Expert，KWE）。知识工程专家使专家和设计师在规则组中构建并共享企业知识，并在企业内利用知识确保设计方案满足已建立的标准。这些规则组及企业知识包括最佳经验、应用过程以及设计验证与更改等。

知识工程专家工具栏图标为 。

在知识工程专家中定义检查时，可以使用三种语言：KWE 语言、KWE 高级语言和 Visual Basic 语言。

3.2.2.5　创成式工程绘图（GDR）及交互式工程绘图（IDR）

Catia V5 的工程绘图模块（Drafting）由创成式工程绘图（GDR）和交互式工程绘图（IDR）组成。创成式工程绘图（GDR）可以很方便地将三维零件和装配件生成相关联的工程图纸，包括各向视图、剖面图、剖视图、局部放大图、轴测图；尺寸可自动标注，也可手动标注；填充剖面线；生成企业标准的图纸；生成装配件材料表等。交互式工程绘图（IDR）以高效、直观的方式进行产品的二维设计，可以很方便地生成 DXF 和 DWG 等其他格式的文件。

Catia V5 的工程绘图模块（Drafting）主要由以下菜单组成：

（1）视图（Views）。

（2）绘图（Drawing）。

（3）尺寸（Dimensioning）。

（4）生成（Generation）。

（5）注释（Annotations）。

（6）修饰（Dress Up）。

（7）几何元素创立（Geometry Creation）。

（8）几何元素修改（Geometry Modification）。

常用功能详解如下：

（1）投影视图创建功能（Project）。投影视图包括前视图（Front View）、展开视图（Unfolded View）、从三维模型生成视图（View From 3D）、投影视图（Projection

View)、辅助视图（Auxiliary View）、轴侧图（Isometric View）。

（2）剖面及剖视图创建功能（Section）。剖面及剖视图包括阶梯剖视图（Offset Section View）、转折剖视图（Aligned Section View）、阶梯剖面图（Offset Section Cut）、转折剖面图（Aligned Section Cut）。

（3）局部放大视图功能（Details）。局部放大视图包括圆形局部放大视图（Detail View）、多边形局部放大视图（Detail View Profile）、快速生成圆形局部放大视图（Quick Detail View）、快速生成多边形局部放大视图（Quick Detail View Profile）。

（4）局部视图创建功能（Clippings）。局部视图包括局部视图（Clipping View）和多边形局部视图（Clipping View Profile）。

（5）断开视图（Break View）。断开画法视图包括断开视图（Break View）和局部剖视图（Breakout View）。

（6）视图创建模板（Wizard）。除了用以上方式手动生成所需视图以外，Catia V5还提供了视图创建模板（Wizard）工具，视图创建模板（View Creation Wizard）可以快速定义图纸所需各类视图的数量及方位；还提供了一系列预定义好的标准视图布置模式，如前视图、顶视图和左视图（Front View，Top View and Left View）；前视图、底视图和右视图（Front View，Bottom View and Right View）；所有的视图（All Views）等。

3.2.3　Catia 钢闸门建模思路

Catia 为用户提供了广阔的设计平台，使用户能够非常灵活、自由地创建模型，因而模型的质量常常因人而异。有时即使外表效果看似一样的模型，由于建模方式、思路不同，模型的实用价值迥异。因此有必要探究一种通用的、比较规范标准的、适用于钢闸门 BIM 模型的建模方法。作者经过多次的尝试，结合设计分析意图总结出了"骨架关联＋调用模板"的快速建模方法。下面对其相关内容作详细介绍。

3.2.3.1　基于知识工程的参数化建模

知识工程（Knowledge Engineering）是人工智能在知识信息处理方面发展的成果，在 Catia V5 中主要体现为一系列智能化的软件模块，包括常用的知识工程顾问、知识工程专家及产品知识模板等。利用各模块把知识以公式（Formulas）、规则（Rules）、检查（Checks）及设计表（Design Tables）等形式表达出来形成知识库，一方面便于规范设计信息，并将设计方法和流程等隐含的知识、经验等转化为正规的显式的知识加以保存；另一方面提供了捕捉与重用知识的能力。

参数化设计的概念及优势在上文中已有提及，但在一般的参数化设计中自定义变量只能驱动几何尺寸，而形状几乎不能改变；同时自定义变量之间不能建立任何函数关系。这一缺陷极大地限制了参数化应用的深度。由于 Catia 中具备独特的知识工程功能，因此可以在参数化设计中引入知识工程，来弥补当前参数化设计的不足。实践表明，基于知识的参数化设计能极大地方便模型的修正和改良，使设计工作变得更加高效、灵活、智能。

参数化设计是三维数字化设计分析的灵魂，也是设计思想的集成体现，其实质是一种解决设计约束问题的数学方法，通过参数把设计图元过程中需要的数字信息相关联，修改参数即可实现模型驱动等功能，极大地提高了模型生成及修改速度，因而在产品系列设计、相似设计及优化设计中具有很高的应用价值。Catia 中特有的基于知识的参数化建模更是赋予了模型"智"的功能。

参数化建模给设计者带来了极大的便利，但像钢闸门这样的复杂结构，几何要素多且关系复杂，每一个基本构件特征都可以产生一系列参数，大量的参数将难以识别及管理。为此，一方面结合各构件设计优化的意图，采用"参数＋非参数"形式，减少无关设计参数的发布，进而减少参数总量；另一方面按照闸门的功能特性及装配级别进行规范化命名，并创建对应的参数管理表。

总之，将模型合理地参数化使得设计者能够摆脱二维草图设计等底层劳动，把更多的精力放在参数的优化和计算分析上，参数化也构成了运用知识工程的前提条件。设计者将积累的设计经验和专家知识通过知识工程赋予参数化模型当中，为保证数字化设计的成果质量和效率提供了有利条件。

3.2.3.2   自顶向下骨架关联设计

钢闸门多数为拼装焊接件，为制造加工方便，其构件布置一般有一定的规律，故比较适合以空间轴网作为模型骨架。利用轴网，通过发布定位点、线及面的方式实现模型搭建。这种方式的优势在于可通过轴网参数来统一快速实现修改钢闸门的结构布置，控制钢闸门的总体尺寸及梁系布局，亦非常符合设计者的设计思路，使设计者可以更加专注于结构形式的布置及优化。图 3.9 是基于轴网骨架建立的钢闸门门叶结构模型，轴网代表了各构件的几何布置关系。

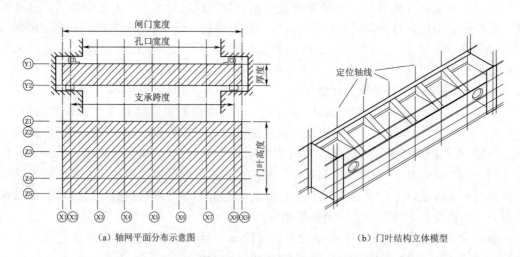

(a) 轴网平面分布示意图   (b) 门叶结构立体模型

图 3.9   基于轴网骨架建立的钢闸门门叶结构模型

自顶向下体现的是一种骨架模型的一种驱动方式。由于对骨架（轴网）元素进行了发布，各级零部件都以引用已发布元素为基础进行设计，因而可以保证通过修改特征数据文件对模型实现单向式的驱动。基于 ENOVIA VPM 平台的三维协同设计，通过网络数据库技术可使各专业三维设计共享同一模型，并实时查看相关专业的设计情况，设计者可以方便地引用或参考相关设计数据。骨架采用了"发布-引用"关联技术，定义了工程总体与专业或工程部位的自顶向下的纵向关联设计模式[71]。

3.2.3.3 钢闸门模型组织结构及模板分级

在三维设计之前，为了统一设计习惯和方便项目管理，应制订详细的设计模型组织规则，对钢闸门模型的组织结构和层级关系作出规定。Catia 三维协同设计环境中，设计节点数据在 ENOVIA VPM 电子仓库中的存储模式有"呈示式结构"和"呈示式发布"两种。其中以呈示式结构模式保存的文档在 VPM Navigator 结构树下能展开内部结构，并能与外部元素关联。以呈示式发布模式保存的文档在 VPM Navigator 结构树下不能呈现内部结构，故不能与外部元素关联。例如：要放置设备零件的节点需存储成"呈示式发布"模式，这样节点内部无需对外呈现，放置骨架文件及生成 PVR 校审文件的节点均需存储成"呈示式结构"模式，以方便内部数据对外引用和文件校审查看。根据钢闸门组成部分，按照各部件关联关系，并结合设计者总图拆分部件图的习惯，将钢闸门划分成如图 3.10 所示的模型组织结构。

从上述钢闸门模型组织结构可以看出，钢闸门模板具有明确的层级关系，这对于模板库的建设具有指导意义。根据钢闸门模型组织结构和施工设计出图需求，按照功能、模块化和标准化设计程度，将水工钢闸门模板划分为四级（表 3.2）。

表 3.2 　　　　　　　　　　　　　　水工钢闸门模板分级依据

模板等级	等级命名	模板分级依据	举　　　例
一级 （product）	总布置	以一个完整的水工钢闸门设计方案为依据，调用该级模板可完整重现一套钢闸门及相关设计数据内容，为分部工程中金属结构专业的完整设计内容	一套完整的导流洞封堵闸门门叶及埋件以及相应启闭设备布置
二级 （product）	总图级	以具有独立分项功能的结构或机构总装配为依据，调用该级模板可重现一套	门叶总装、埋件总装、启闭设备总装、旁通管路系统等
三级 （product/ part）	部件级	以工程中的某一项产品部件或结构装配部件为依据，调用该级模板可重现一套产品结构部件或机构装置	门叶结构、水封装配、充水阀装配、主/侧轮装置、锁锭机构等
四级 （part）	零件、元件、构件级	模板最小单元，如单个设备零件或结构构件、单根梁或钢板等。一般为通用元件，以特征模类模板 UDF、超级副本模板或零件文档模板的形式存在	ZY-专业骨架、UNI-骨架、主/次梁、面板等构件模板、螺栓、主/反轨、支臂、型钢、水封等用户特征

模板内容应包括但不限于表 3.2 中所列内容。一级、二级、三级模板大多为装配（product），以装配文档模板形式存在和管理，四级模板为单个零件（part），以特征模类模板 UDF、超级副本模板或零件文档模板的形式存在，这些模板集合了参数化和知识工程的内容。低级模板可用来直接调用生成高级模板，模板级别越低，其典型性、通用性、参数化及复用程度越高；高级别模板将有助于各设计阶段方案的快速调用生成。丰富的底层模板为各级模板种类扩充提供了基础，底层模板尤其是四级模板的积累将会大大提高设计的效率。

钢闸门含有焊接结构件和机械部件两部分内容，以上两部分内容应针对各自特点分别制定建模思路。焊接结构件主要为三级模板中的门叶结构，其形式复杂多变，标准化程度

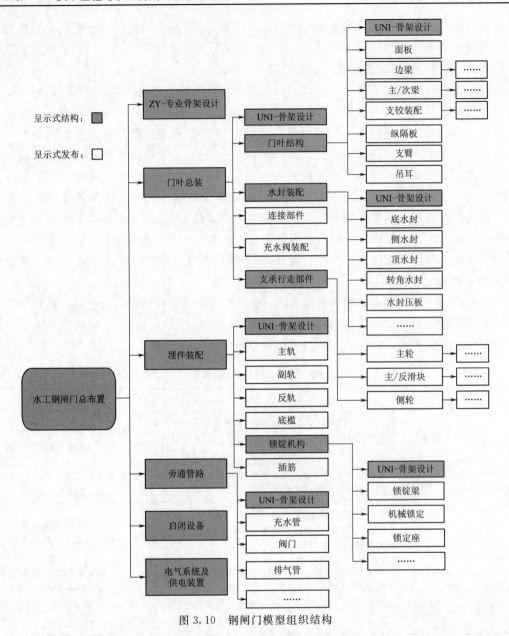

图 3.10   钢闸门模型组织结构

相对较低。根据模型组织结构，将单节门叶拆分为不同梁系构件，即对应模型组织结构中的四级构件模板，主要为特征模类模板 UDF、超级副本模板。建立单节门叶骨架和整体驱动参数，同时对构件模板进行参数化和知识化，在轴网骨架上调用和定位梁系构件并将两者参数上下关联，从而达到自顶向下的参数驱动。机械部件，例如三级模板中的充水阀装配、主/侧轮装置等，一般可经过一次或多次拆分形成独立的零件，即对应模型组织结构中的四级模板，主要为零件文档模板。若具有系列化的标准产品，可通过参数化并结合设计表的形式完成系列化设计，若为非标产品需建立各类型的参数化零件库。三级模板形成后，结合总体钢闸门骨架等模板组合调用完成一级和二级模板的创建。

3.3 Catia 钢闸门建模过程

3.3.1 建模的主要流程

3.3.1.1 标准化文件命名

各级模板及各类三维文件标准化的命名有助于共享、识别、使用及管理，在对零件、装配件命名的时候要遵循以下原则：

（1）文件命名要便于识别，而且要在能反映所需信息的前提下尽可能简短。

（2）Catia 中的文件名作为存储的唯一标识不可重复。

（3）文件名称要与零件号保持一致。

3.3.1.2 创建闸门各级骨架

在建立装配体或零件体时，需要搭建相应骨架模型，包括基准点、定位轴线、定位面、定位轮廓等，通过发布定位轮廓点、线、面实现对引用对象的约束。在对已建工程的多套平面钢闸门 CAD 施工图纸分析和整理的前提下，结合闸门设计经验，形成了平面钢闸门通用轴网骨架关系，如图 3.11 所示，通过骨架确定闸门主体几何尺寸及梁系的布置。

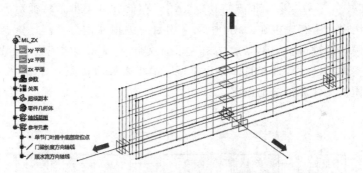

图 3.11　平面钢闸门通用轴网骨架示意图

3.3.1.3 模板的创建

Catia 知识工程模板主要分为特征类模板和文档类模板。

1. 特征类模板（UDF）

特征类模板（UDF）是零件模板的一种，依附在某一零件（catpart）中，将零件内部的某些几何特征的创建过程记录下来，具有一个或多个特征，经过分组，用于不同上下文的特征（几何元素、公式、约束等）。它提供了在粘贴时根据上下文重新指定特征的能力。特征类模板为黑盒模式，即将设计过程打包存放，保护开发人员的知识产权。

2. 文档类模板

文档类模板是将某一零件或部件的整个设计过程记录下来，以独立的文件格式进行存储。

零件（part）是 Catia 中装配体的基础，可以用来表示标准件、系列件、常用件及层级关系中确定的零件体。一般的闸门结构零件的创建过程如图 3.12 所示。

闸门门叶节单元（part）的创建顺序如图 3.13 所示。

图 3.12　一般的闸门结构零件的创建过程

图 3.13　闸门门叶节单元的创建顺序

在建模时建议遵循以下约定：xy 面通常为物理水平面，模型大小一般等同原物尺寸；模型精度满足施工图阶段的要求；模型中几何体间的拓扑连接关系应与实际连接工艺一致；模型尺寸、质量、时间、角度单位制分别为 mm、kg、s、deg；统一采用右手笛卡尔坐标系，取 x 向为闸门跨度方向，y 向为水流方向，z 向为闸门高度方向。

3.3.1.4　标准件库的入库及调用

1. 模板入库

库是 Catia 中的一种专家知识支持功能，用于存储和分类批量特征对象，并提供相关信息的查询和调用。所有模板在 Catia 中均采用目录编辑器进行管理，资源库管理人员按照模板目录结构，通过目录编辑器建立相应目录文件（Catalog 类型），分别将模型文件、参数表等相关文件和目录管理器具体条目链接。模板入库应按照一定流程（图 3.14）。模板入库前应对模板文件进行规则校审。

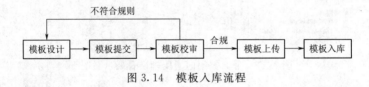

图 3.14　模板入库流程

所有模板均采用目录编辑器进行管理，模板校审合规后上传至服务器，并将模板文件与目录条目链接。模板应附带以下文件提交检验：三维模型文件、模板说明书、工程图文件，对于一级、二级、三级模板还应包括方案说明或设计大纲以及计算书。合规模板文件应满足项目文件约定的命名规则、参数化程度、对外参考定位元素、中间设计过程、材料及配色、材料用量等属性定义等。

特征类模板和文档模板分别有不同的入库操作流程。模板合规性检验合格后，资源库管理人员将模板相关文件上传至资源服务器。

2. 模板调用

通常，各类模板调用总体流程如图 3.15 所示。

（1）特征模板调用。特征模板调用是指对钢闸门模板分级中四级（元件级）模板的调用，具体流程如下：

1）阅读模板说明书，了解模板功能、适用性、参数、输入条件等。

图 3.15 模板调用流程

2）建立输入条件，按照模板说明书要求相应建立输入条件。

3）在目录浏览器中，浏览其他目录，选择 ENOVIA VPM，从中找到需要调用的模板目录及相应条目，双击图标调用。

4）对应输入条件，更改参数完成调用。

（2）文档模板调用。文档模板调用是指钢闸门模板分级中一级、二级、三级模板以及四级模板中的零件模板的调用。除输入条件和参数关联修改以外，其余流程均与特征类模板调用相同。文档模板调用完成后需先在模型结构树中修改零件编号及实例名称，再保存至服务器。

3.3.2 特征模板创建

对于螺栓、螺母、垫片、阀、角钢、槽钢、工字钢、面板、主梁、隔板等闸门上常用的零部件，可以对其进行统计归纳，将其作为独立的基础类型进行建模，并借助用户特征和超级副本，将其制作成通用的特征模板，保留一些输入条件作为调用接口。使用时只需在零件内对特征模板进行实例化引用，再通过设计表对其进行参数的修改，省去了重复建模的工作，使用非常方便。

特征模板搭建的一般过程是先绘制草图，然后通过对草图的几何轮廓进行拉伸、旋转、扫描等生成主模型，最后对主模型添加倒角、螺纹、拔模等修饰特征完成特征模板的搭建。

1. 主梁特征模板创建

（1）主梁形式的归纳。在动手创建模板之前，必须要对多套典型的设计图纸进行分析、分类、提炼、归纳出通用性、代表性及出现频率高的结构造型（特征），在此基础上提取特征参数。如等截面主梁常见的截面形式有 T 形、"工"字形、门形、Π 形、箱形等，如图 3.16 所示。

（2）主梁定位参数的绘制。在 Catia "标准"工具栏中点击"新建"按钮，在弹出的对话框中选择"part"，单击"确定"按钮，新建一个零件文件，并选择"开始"→"机械式设计"→"零件设计"命令，进入"零件设计"工作台。

单击"平面"按钮 ，分别以 yz 平面、xy 平面、zx 平面为参考（图 3.17），偏移出 3 个具有一般性的平面（图 3.18）——主梁对称面、主梁延伸面、主梁贴合面，作为主梁的定位平面，以便于草图定位以及后期特征模板的实例化。

选择"开始"→"形状"→"创成式外形设计"菜单命令，进入"创成式外形设计"工作台，单击"相交"按钮，以主梁对称面、主梁延伸面、主梁贴合面为基础面，相交生成支铰连线和腹板对称线，用于草图定位及阵列方向定位。

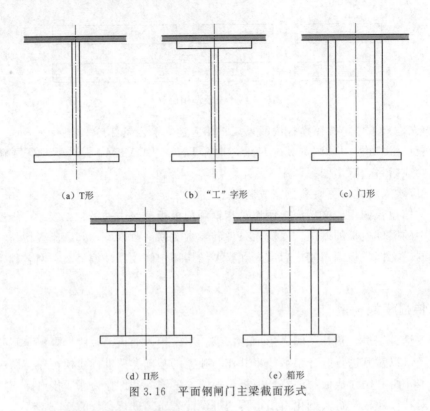

(a) T形　　　　　　(b) "工" 字形　　　　　　(c) 门形

(d) Ⅱ形　　　　　　(e) 箱形

图 3.16 平面钢闸门主梁截面形式

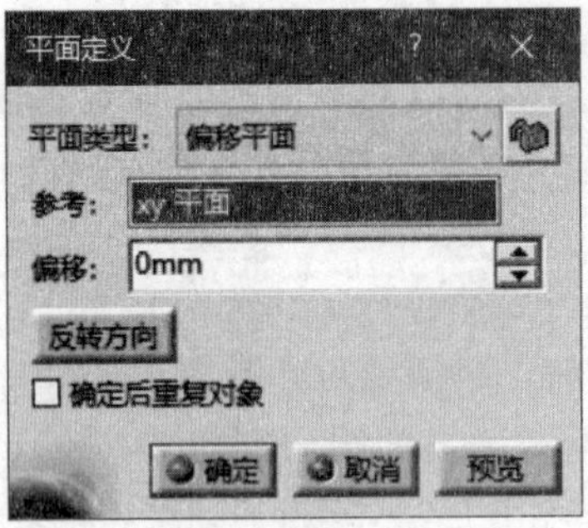

图 3.17 平面定义

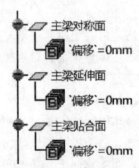

图 3.18 主梁定位平面

（3）主梁截面参数的创建。单击 "公式" 按钮 $f\omega$，如图 3.19 所示，在弹出的窗口中，选择参数类型为 "字符串"，选择具有 "多值"，单击 "新类型参数" 按钮，并将参数命名为 "主梁截面型式"。按照表 3.3 将主梁截面形式的多值输入到弹窗中，单击 "确定" 按钮完成多值的输入，如图 3.20 所示。单击 "确定" 按钮完成参数创建，并按照表 3.3 依次创建所有参数。

（4）主梁截面草图的绘制。选择 "开始" → "机械式设计" → "零件设计" 命令，进入 "零件设计" 工作台，单击 "草图" 按钮 下方的三角按钮，选择 "草图定位" ，按照图 3.21 所示进行草图定位，随后单击确定按钮，利用矩形、直线等工具绘制主梁草图。

表 3.3 主梁特征参数管理表

参数名称	功能属性	参数类型	默认值
主梁截面形式	控制主梁截面形式	字符串	T形、工字形、箱形 Ⅱ形、门形
ZL_FB_T	单个腹板厚度	长度	10mm
ZL_FB_L	单个腹板高度	长度	800mm
ZL_YY_D_T	主梁后翼缘厚度	长度	20mm
ZL_YY_D_L	主梁后翼缘高度	长度	300mm
ZL_YY_U_T	主梁前翼缘厚度	长度	10mm
ZL_YY_U_L	主梁前翼缘高度	长度	280mm
ZL_FB_PYL	上下腹板中心距	长度	180mm
ZL_YY_U_PYL	前翼缘中间留空间距（Ⅱ形）	长度	45mm

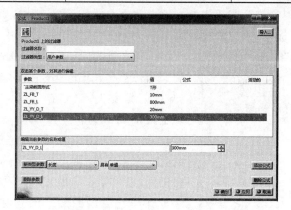

图 3.19 参数的创建   图 3.20 输入多值

绘制好草图轮廓后，对草图进行尺寸约束，并关联相关参数，即尺寸参数化。以主梁后翼缘长度为例，单击"约束"按钮 ⬚，随后单击需要约束的主梁后翼缘，再单击左键确定，即可生成尺寸约束（图 3.22）。双击生成的尺寸约束，弹出"约束定义"对话框，在数值文本框单击右键，选择"编辑公式"命令，在弹出的公式编辑器中，从特征树目录的

图 3.21 主梁截面草图定位

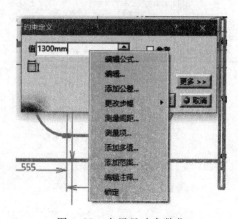

图 3.22 主梁尺寸参数化

参数集中单击创建好的参数"ZL＿YY＿D＿L",随后单击"确定"按钮,即可完成参数与草图的关联,按照表 3.3 完成所有参数与草图的关联。

完成参数关联之后,将主梁主要部件的轮廓输出,以便于主梁型号的切换。以主梁后翼缘为例,单击"轮廓特征"按钮,随后在弹出的"轮廓定义"对话框"输入几何图形"中选择主梁后翼缘的边线,在名称中输入"后翼缘",单击"确定"按钮完成轮廓的定义,对主梁前翼缘、后翼缘、腹板、筋板、支承处后翼缘依次定义轮廓。

最后单击"退出工作台"按钮,完成草图的绘制。至此就完成了主梁的草图绘制,依次完成剩余形式的主梁截面草图,并进行参数关联和轮廓的定义。

(5) 主梁类型的切换。单击"公式"按钮,如图 3.23 所示,在弹出的窗口中,选择参数类型为曲线,单击"新类型参数"按钮,分别建立 5 条曲线的参数,并分别命名为"前翼缘轮廓""后翼缘轮廓""腹板轮廓""筋板轮廓""支承处后翼缘轮廓"。

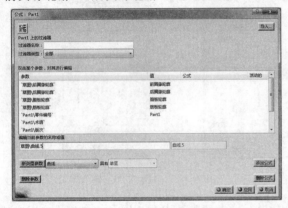

图 3.23　主梁曲线参数的定义

选择"开始"→"知识工程模块"→"KnowledgeAdvisor"命令,进入"知识工程模块",单击"Rule"按钮,以主梁前翼缘为例,按照图 3.24,通过输入＋点选相结合的方式建立主梁截面轮廓切换规则,单击"确定"按钮即可将不同主梁形式草图中的前翼缘轮廓与建立的曲线参数连接,用户只需要在参数中改变"主梁截面型式"即可自动完成主梁形式的切换。重复上述步骤建立"后翼缘轮廓""腹板轮廓""筋板轮廓""支承处后翼缘轮廓"的规则。

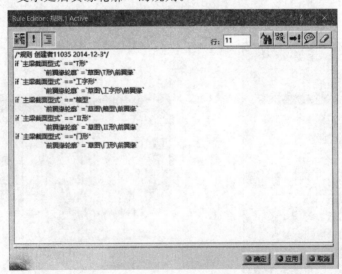

图 3.24　主梁前翼缘轮廓切换规则

（6）实体的创建。为了便于后续进行材料表的统计，规定每个几何体中只能插入一个主要特征，即凸台、旋转、凹槽、肋等。由于弧形钢闸门主梁后翼缘在支臂支承处高度较大，因此，主梁共需插入主梁前翼缘、主梁腹板、主梁后翼缘（跨中处）、主梁前翼缘（支承处）、主梁前翼缘（边梁处）、主梁肋板 6 个几何体。

以主梁前翼缘为例，单击选择"插入"→"几何体"命令，在新建的几何体特征树中单击右键，选择"属性"，将新建的几何体的特征名称命名为主梁前翼缘，单击"确定"按钮完成命名。

在"主梁前翼缘"几何体上单击右键，选择定义工作对象，保证所创建的特征放置在该几何体内。随后单击"凸台"按钮 ，在长度对话框中单击右键，选择编辑公式，设置其长度为"主梁长度/2"，在"轮廓/曲面"选项中选择前一步骤中创建的曲线参数"前翼缘轮廓"，勾选镜像范围，单击"确定"按钮即可完成主梁前翼缘的创建。由于该主梁形式为Ⅱ形，主梁前翼缘分为两段，因此需要对其进行镜像处理。单击"镜像"按钮 ，选择镜像元素为主梁延伸面，单击"确定"按钮，即可完成实体的镜像操作。使用相同的方法，即可完成主梁腹板、主梁后翼缘（跨中处）、主梁前翼缘（支承处）、主梁前翼缘（边梁处）、主梁肋板的创建。

（7）超级副本的建立。超级副本是一种功能强大的复制工具，可以把一组设计完整的拷贝到新的位置，从而避免了普通复制粘贴后造成的输入错误。

单击选择"插入"→"知识工程模板"→"超级副本"命令，出现如图 3.25 所示的对话框，在左侧模型特征树上点选创建的几何体和参数，随后单击右侧部件输入中的曲线参数，不断向下级展开，直到最底层的定位平面为原始参考元素，即箱梁对称面、箱梁延伸面和支铰连线，如图 3.26 所示，单击"确定"按钮完成超级副本的定义。

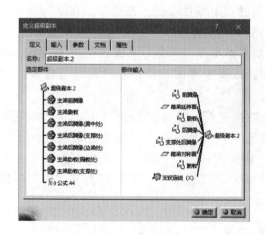

图 3.25 定义超级副本

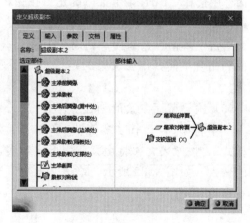

图 3.26 输入超级副本部件

2. 次梁特征模板创建

（1）次梁形式的归纳。从平面钢闸门和弧形钢闸门结构设计经验和构造特点来看，闸门次梁主要由焊接组合截面和热轧型钢组成，截面形式如图 3.27 所示，其中，型钢通常有三种形式，即热轧角钢、热轧工字钢和热轧槽钢。

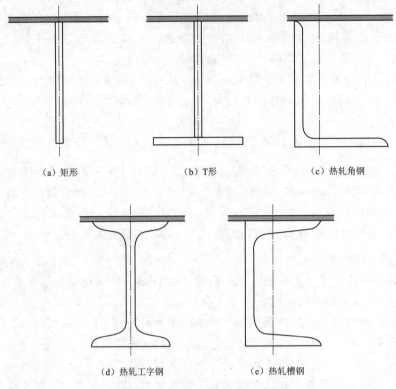

(a) 矩形　　　　　　　　(b) T形　　　　　　　(c) 热轧角钢

(d) 热轧工字钢　　　　　　(e) 热轧槽钢

图 3.27　钢闸门次梁截面形式

（2）次梁定位的参考元素。在 Catia "标准" 工具栏中单击 "新建" 按钮，在弹出的对话框中选择 "part"，单击 "确定" 按钮，新建一个零件文件，并选择 "开始" → "机械式设计" → "零件设计" 命令，进入 "零件设计" 工作台。

单击 "平面" 按钮，创建 4 个具有一般性的平面——中心平面、起点平面、终点平面和贴合平面，作为次梁的定位参考平面，以便于草图定位以及后期特征模板的实例化。

（3）次梁截面参数的创建。单击 "公式" 按钮 f_{∞}，在弹出的窗口中，选择参数类型为 "字符串"，具有 "多值"，单击 "新类型参数" 按钮，并将参数命名为 "次梁截面型式"，按照表 3.4 将次梁截面形式的多值输入到弹窗中，单击 "确定" 按钮完成多值的输入，如图 3.28 所示。单击 "确定" 按钮完成参数创建，并按照表 3.4 依次创建所有参数。

表 3.4　　　　　　　　　　　　　　　槽 钢 设 计 表

PartNumberc	名称 c	代号 c	规格 c	hc/mm	bc/mm	dc/mm	tc/mm	rc/mm	rlc/mm	z0c/mm
GBT707—1988_1_5	热轧槽钢	GBT707—1988	5	50	37	4.5	7	7	3.5	1.35
GBT707—1988_2_6.3	热轧槽钢	GBT707—1988	6.3	63	40	4.8	7.5	7.5	3.8	1.36
GBT707—1988_3_8	热轧槽钢	GBT707—1988	8	80	43	5	8	8	4	1.43

续表

PartNumberc	名称 c	代号 c	规格 c	hc/mm	bc/mm	dc/mm	tc/mm	rc/mm	rlc/mm	z0c/mm
GBT707—1988 _ 4 _ 10	热轧槽钢	GBT707—1988	10	100	48	5.3	8.5	8.5	4.2	1.52
GBT707—1988 _ 5 _ 12.6	热轧槽钢	GBT707—1988	12.6	126	53	5.5	9	9	4.5	1.59
GBT707—1988 _ 6 _ 14a	热轧槽钢	GBT707—1988	14a	140	58	6	9.5	9.5	4.8	1.71
GBT707—1988 _ 7 _ 14b	热轧槽钢	GBT707—1988	14b	140	60	8	9.5	9.5	4.8	1.67
GBT707—1988 _ 8 _ 16a	热轧槽钢	GBT707—1988	16a	160	63	6.5	10	10	5	1.8
GBT707—1988 _ 9 _ 16	热轧槽钢	GBT707—1988	16	160	65	8.5	10	10	5	1.75
GBT707—1988 _ 10 _ 18a	热轧槽钢	GBT707—1988	18a	180	68	7	10.5	10.5	5.2	1.88
GBT707—1988 _ 11 _ 18	热轧槽钢	GBT707—1988	18	180	70	9	10.5	10.5	5.2	1.84
GBT707—1988 _ 12 _ 20a	热轧槽钢	GBT707—1988	20a	200	73	7	11	11	5.5	2.01
GBT707—1988 _ 13 _ 20	热轧槽钢	GBT707—1988	20	200	77	7	11	11	5.5	1.95
GBT707—1988 _ 14 _ 22a	热轧槽钢	GBT707—1988	22a	220	77	7	11.5	11.5	5.8	2.1
GBT707—1988 _ 15 _ 22	热轧槽钢	GBT707—1988	22	220	78	7	12	12	6	2.07
GBT707—1988 _ 16 _ 25a	热轧槽钢	GBT707—1988	25a	250	78	7	12	12	6	2.07
GBT707—1988 _ 17 _ 25b	热轧槽钢	GBT707—1988	25b	250	80	9	12	12	6	1.97
GBT707—1988 _ 18 _ 25c	热轧槽钢	GBT707—1988	25c	250	82	11	12	12	6	1.92
GBT707—1988 _ 19 _ 28a	热轧槽钢	GBT707—1988	28a	280	82	7.5	12.5	12.5	6.2	2.1
GBT707—1988 _ 20 _ 28b	热轧槽钢	GBT707—1988	28b	280	84	9.5	12.5	12.5	6.2	2.02
GBT707—1988 _ 21 _ 28c	热轧槽钢	GBT707—1988	28c	280	86	11.5	12.5	12.5	6.2	1.95
GBT707—1988 _ 22 _ 32a	热轧槽钢	GBT707—1988	32a	320	88	8	14	14	7	2.24
GBT707—1988 _ 23 _ 32b	热轧槽钢	GBT707—1988	32b	320	80	10	14	14	7	2.16
GBT707—1988 _ 24 _ 32c	热轧槽钢	GBT707—1988	32c	320	92	12	14	14	7	2.09
GBT707—1988 _ 25 _ 36a	热轧槽钢	GBT707—1988	36a	360	96	9	16	16	8	2.44
GBT707—1988 _ 26 _ 36b	热轧槽钢	GBT707—1988	36b	360	98	11	16	16	8	2.37
GBT707—1988 _ 27 _ 36c	热轧槽钢	GBT707—1988	36c	360	100	13	16	16	8	2.34
GBT707—1988 _ 28 _ 40a	热轧槽钢	GBT707—1988	40a	400	100	10.5	18	18	9	2.49
GBT707—1988 _ 29 _ 40b	热轧槽钢	GBT707—1988	40b	400	102	12.5	18	18	9	2.44
GBT707—1988 _ 30 _ 40c	热轧槽钢	GBT707—1988	40c	400	104	14.5	18	18	9	2.42

（4）次梁截面草图的绘制。选择"开始"→"机械式设计"→"零件设计"命令，进入"零件设计"工作台，单击"草图"按钮下方的三角按钮，选择"草图定位"，按照图 3.29 进行草图定位，随后单击"确定"按钮进行草图的绘制，利用矩形、直线等工具绘制次梁草图。

图 3.28　输入多值　　　　　图 3.29　次梁截面草图定位

绘制好草图轮廓后，对草图进行尺寸约束，并关联相关参数，具体操作与主梁相同。

完成参数关联之后，将次梁主要部件的轮廓输出，以便于次梁型号的切换。以热轧槽钢为例，单击"轮廓特征"按钮，随后在弹出的轮廓定义对话框"输入几何图形"中选择热轧槽钢草图，在名称中输入"热轧槽钢"，单击"确定"按钮，完成轮廓的定义。

最后单击"退出工作台"按钮，完成草图的绘制。至此就完成了热轧槽钢的草图绘制，按次梁形式依次完成剩余形式的次梁截面草图，并进行参数关联和轮廓的定义。

（5）次梁形式的切换。单击"公式"按钮f_∞，在弹出的窗口中，选择参数类型为"曲线"，单击"新类型参数"按钮，建立"曲线"参数，并命名为"轮廓"。

选择"开始"→"知识工程模块"→"Knowledge Advisor"命令，进入"知识工程模块"，单击"Rule"按钮，以槽钢为例，按照图 3.30，通过输入＋点选相结合的方式建立次梁截面轮廓切换规则，单击"确定"按钮，即可将不同次梁形式草图轮廓与建立的曲线参数链接，用户只需要在参数中改变"次梁截面型式"即可自动完成次梁形式的切换。

（6）次梁实体的创建。选择"插入"→"几何体"命令，在新建的几何体特征树中单击右键，选择"属性"，将新建的几何体的特征名称命名为"次梁"，单击"确定"按钮完成命名。

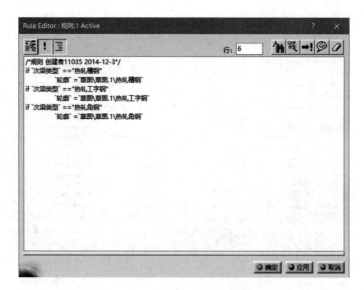

图 3.30　次梁截面轮廓切换规则

在"次梁"几何体上单击右键，选择定义工作对象，保证所创建的特征放置在该几何体内。随后单击"凸台"按钮，单击"更多＞＞"按钮，展开凸台第二限制，在类型下拉框中选择直到平面，然后第一、第二限制平面分别为第（2）步创建的"起点平面"和"终点平面"，在"轮廓/曲面"选项中选择第（4）步中创建的曲线参数"轮廓"，单击"确定"按钮即可完成次梁槽钢的创建。

（7）次梁设计表的关联。由于型钢是系列标准件型材，具有标准化的系列尺寸参数，因此可以通过关联设计表的方式对其进行参数驱动。

按照《热轧型钢》（GB/T 706—2016）的要求将型钢参数输入到 Excel 设计表中，见表 3.4。

单击"设计表"按钮▥，点选"从预先存在的文件中创建设计表"，单击"确定"按钮。在弹出的选择文件窗口中选择槽钢设计表所在目录，单击"打开"，如图 3.31 所示，单击"关联"选项卡，将设置的参数与设计表的对应列参数关联，单击"确定"按钮。随后使用相同的方法关联热轧角钢和热轧工字钢的参数表。

（8）次梁用户特征的建立。选择"插入"→"知识工程模板"→"用户特征"命令，在模型特征树上点选创建的几何体和参数，随后单击右侧部件输入中的轮廓参数，不断向下级展开，直到最底层的定位平面起点平面、终点平面、中心平面和贴合平面，单击"确定"按钮，完成次梁模板的定义。

3.3.3　零件模板创建

在完成了钢闸门特征模板的搭建之后，就可以通过模板实例化操作搭建门叶的零件模板。零件模板的创建主要分为以下几部分：模型骨架的创建，部件实体的创建，特征模板实例化。本节以门叶零件模板的创建为例进行介绍。

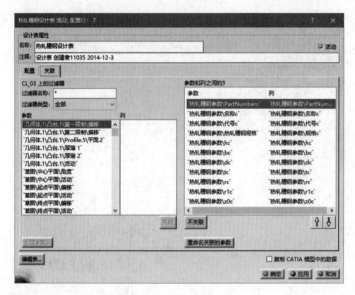

图 3.31　关联设计表

1. 模型骨架的创建

骨架是指一系列的关键定位点、定位线、定位平面，然后以关键定位点、定位线、定位平面作为建模的基础或轮廓的支架。这些定位点、定位线、定位平面就像人体的骨骼一样支撑着整个模型，通过引用它们来对模型或者其草图进行定位。三维实体是依附于这些骨架元素上面的，并最终以此来驱动更新模型。

在创建弧形钢闸门参数化模型时，首先需要归纳总结模型的装配关系，然后根据装配关系，通过创建点、线、面配合草图建立其模型骨架，如图 3.32 所示。

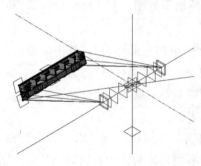

图 3.32　门叶骨架的建立

2. 部件实体的创建

在模型创建时，对于某些重复利用的模型如次梁、隔板等，可以通过创建超级副本来进行"复制和粘贴"；而对于出现频率较低的部件，如面板、吊耳板等，可以直接对其进行建模，建模方法和特征模板建模相同，利用凸台、凹槽和旋转等工具对草图轮廓进行拉伸、旋转等操作生成实体模型，此处不再赘述。

3. 特征模板实例化

特征模板的便利性在于创建完成之后，在使用时只需要选定几个输入平面，即可快速生成所创建的实体。

以隔板特征模板为例，进行实例化操作。选择"插入"→"从文档实例化"命令，在弹出的"文件选择"对话框中选择隔板的特征模板文件目录，单击"打开"按钮，如图 3.33 所示，在插入选项中单击纵隔中心面，随后在特征树中创建的门叶骨架里选择相应的骨架平面，依次选定输入的定位参数后，单击"浏览"按钮可以看到生成的隔板位置，无误后单击"确定"按钮，即可完成隔板特征模板的实例化。

弧形钢闸门不同于平面钢闸门，其在支臂支撑处主梁后翼缘高度稍大，因此在完成单个特征模板的插入后，隔板在支撑处与跨中处尺寸不同。对于跨中处的隔板，可以在插入单个隔板之后，通过阵列操作完成所有跨中隔板的创建。

右击跨中隔板所在的几何体，单击"定义工作对象"按钮，在工具栏中单击矩形阵列按钮 ⚏，出现如图 3.34 所示的对话框，参考元素设置为支铰轴心连线，依次输入阵列的总个数、间距和长度，三者均可以通过编辑公式与参数相关联，单击"确定"按钮即可完成隔板的阵列。

以门叶骨架为实例化的输入条件，依次将弧形钢闸门的主梁、次梁、隔板进行实例化，最终完成弧门单节门叶的搭建，如图

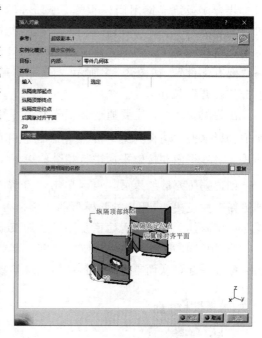

图 3.33 隔板模板实例化

3.35 所示。通过相同的方法，可以完成支臂和支铰模板的搭建，此处不再赘述。

图 3.34 隔板阵列

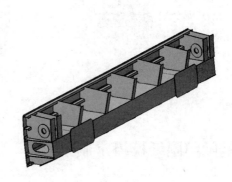

图 3.35 弧门单节门叶

3.3.4 装配模板创建

与传统的机电专业基于设备布置的方式不同，水工钢闸门采用模型装配的方式或采用文档模板分级调用的方式。对于弧形钢闸门结构来说，虽然分为不同的类型，但其整体结构具有共性，因此可以利用零件模板和特征模板搭建出来的不同类型弧形钢闸

门的装配模板组成钢闸门模板库。弧形钢闸门装配模板主要分为门叶装配、支臂装配和支铰装配三部分。以门叶装配为例，单击"开始"→"机械设计"→"装配设计"命令，新建一个 Product 文件，命名为"MY"，在特征树中右击"MY"，选择"部件"→"现有部件"，如图 3.36 所示，随后在弹出的对话框中选择所有的门叶分节零件，单击"打开"按钮。

在装配设计中，主要通过装配阵列和各种装配约束将不同零件和不同装配组合起来。在工具栏单击"相合约束"按钮 ⊛，将相邻的门叶之间进行约束，可分别选取两者支铰连线、对称平面和接触平面进行相合约束。

创建完所有的约束后，可以单击"分解"按钮 ⊠，将所有零件分解，随后单击"全部更新"按钮 ℮，用来检验模型的约束是否施加完全。若更新后模型重新恢复装配，则说明约束施加无误，若无法恢复则说明约束施加存在遗漏。

通过相同的方法即可完成支臂装配、支铰装配模板的搭建，并新建一个装配文件将三者装配在一起，从而得到弧形钢闸门三维参数化模板（图 3.37）。

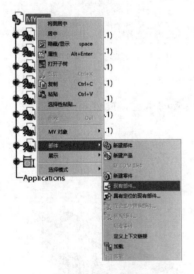

图 3.36 门叶装配

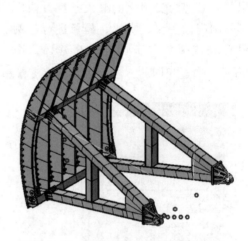

图 3.37 弧形钢闸门三维参数化模板

3.4 钢闸门图纸模板定制

截至 2021 年，在各行业开展数字化设计过程中，二维工程制图一直是需要解决的技术瓶颈问题，国外主流三维设计软件均存在制图标准、工程图标注习惯和规范要求等方面与国内行业需求不一致的情况。除了可以直接通过三维模型信息进行数控加工的零件外，国内设计行业主要施工阶段成果依然采用二维图纸交付，因此，从设计角度来看，二维出图效率和质量也成为了检验数字化设计水平的重要指标。钢闸门主要为焊接件，无法完成整体数控加工。从目前国内制造厂家水平来看，CAD/CAM 一体化还有很长的路要走。航空、汽车、造船工业等精密制造业的发展，三维模型与二维工程图关联技术的应用，以及数字化现代工程制图标准的研究为钢闸门数字化设计出图提供了可借鉴的经验。随着三维设计和 BIM 技术的推广应用,图纸内容和表达方式不断丰富,在三维模型出图方面需要不断尝试和探索。

3.4.1　三维制图标准定制

二维工程图一直以来都是工程技术人员表达设计思想和技术要求的重要信息载体,而制图标准是统一和规范设计行为的准则和依据。随着三维设计软件的不断推广应用,三维模型信息逐渐作为主导,二维图与三维模型共同成为技术协调和生产制造的依据。一个工程往往由一个大的设计团队协同完成,对于提高不同协作者的协调性和一致性,企业制图模板和标准显得尤为重要。因此,对三维设计成果和二维工程出图提出了规范性和一致性的要求。Catia 二维工程制图标准正是为了体现这一思想,既能够制定企业制图形象标准,又能对图纸进行标准化自动审查,提高二维图纸出图的效率和质量。二维出图标准化主要包括以下方面:

1. 出图环境标准化

Catia 提供了个人制图环境的设置和企业统一环境的设置,可通过"工具"主菜单里的"选项"子菜单修改设置。用户可根据个人习惯设置软件配置环境,也可由管理员统一环境配置。通过定制制图统一环境配置文件、创建工程图模板、调用与管理工程图模板可实现工程图标准模板的定制和使用。

管理员定制统一环境配置批处理文件后,设计人员通过运行批处理文件打开 Catia 软件,便可以使用标准环境配置或修改配置。管理员也可锁定配置,设计人员将无权限进行环境修改(图 3.38),以保证设计习惯的高度一致性。

图 3.38　管理员模式统一环境配置

2．制图样式标准化

定制工程图标准模板，首先应定制制图样式标准文件，Catia V5 工程制图标准中提供的有 JIS（日本工业标准）、ISO（国际标准组织）、ANSI（美国国家标准）等，但是没有我国国标 GB 或行业标准。以系统管理员身份进入 Catia，通过"工具"主菜单里的"标准"子菜单定义自己想要的样式标准。可对图层、图线形式、字体字号、剖面及投影等标注样式进行定制（图 3.39）。制图标准文件是记录 Catia 标准制图样式的系统文件，类型为"．xml"（extensible markup language）。制图标准文件创建后，可运行 Catia 环境编辑器，设置系统自动读取所定制的制图标准文件。

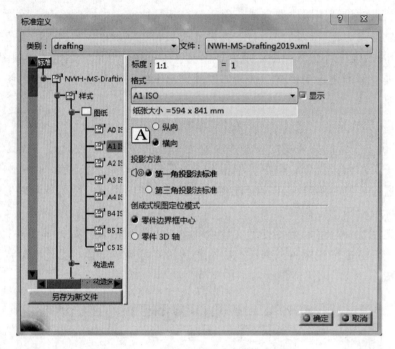

图 3.39　二维工程图样式标准文件创建

3．工程图模板标准化

工程制图标准文件定制好后，再创建工程制图模板。工程制图模板不仅指标准化的图框，更重要的是统一制图标准属性及其他必要的标准化属性。各企业都有自己的标准化图框，图框绘制是在工程制图模块下，在"编辑"菜单的图纸背景中使用几何图形工具绘制，根据图幅大小定制相应图框、标题栏、会签栏、工艺栏、二维条码栏等其他通用要素。也可将原有的．dwg 文件转存为．dxf 文件，用 Catia 直接打开，复制到图纸背景下，省去重新绘制的时间。工程图标准模板创建后，设计都通过产品数据管理系统从模板库中调用标准模板，具体调用方法是新建工程图时通过"文件"→"新建自"菜单选择标准模板。

4．图形符号库标准化

Catia 通过子图技术实现标准图形符号库的创建，可用于存储通用图形及图形符号库，并能被视图所引用。具体操作方法是，将工程图中需要使用的各类方向箭头或水流方向符号、基准符号、原理图符号、图区符号等，在工程图样模板的 Detail 中定义好，供设计员直接引用；也可应用 Catia 的库编辑器形成相关库文件，统一管理和调用。

5. 自动审查标准化

通过 Catia 投影功能生成的二维图样，应与其对应三维模型关联，以确保三维模型的更改能有效更新到二维工程图中。虽然二维图样与三维模型关联，但也面临很多问题，如软件本身本土化的水平，技术管理和制图标准方面的差异等等，这些数据还存在不可控和无法自动更新的问题。对于规范的企业和设计团队，工程图纸的标准化审查工作是非常必要的。Catia 模型数据检查技术成为产品数据质量管理和控制的重要手段。目前模型数据自动检查程序或软件也日趋成熟，如 Q-checker 在航空工业领域应用较为频繁，可制定检测项目和要求，集成到 Catia 软件中，实现自动审查。

3.4.2　Catia 三维制图工具的二次开发

在应用 Catia 进行三维设计时，常会遇到一些功能不能完全满足应用需要，一些功能不符合中国制图标准，一些功能使用效率不高等问题。由于达索公司已经停止了对 Catia V5R21 进行二次开发方面的技术支持，这些功能只能由用户自己进行二次开发来满足三维设计需要，如钢闸门焊接结构的自动 BOM 表以及件号标注、钢结构焊缝的国标标注、闸门下游拼接视图、钢板中心线的标注或零件设计模块下的板件放样图等。按自身需求进行二次开发也是国外通用软件进行本土化或行业订制的通常做法。二次开发应结合建模思路进行，不同的建模思路会有不同的二次开发思路。应用过程中主要解决以下问题：

1. 材料表定制与自动统计

（1）针对结构类（板类零件）图纸，以各板件对应的几何体外形尺寸为名称，统计各零件数量、单件重量、总重量，形成材料表，如图 3.40 所示。

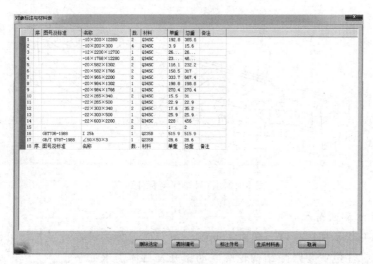

图 3.40　结构件材料表统计工具

（2）针对装配类及非板类零件图纸，以零件属性（字符串）为零件名称，统计各零件数量、单件重量、总重量，形成材料表，如图 3.41 所示。零件支持后续修改，三维模型修改后，材料表可自动更新。

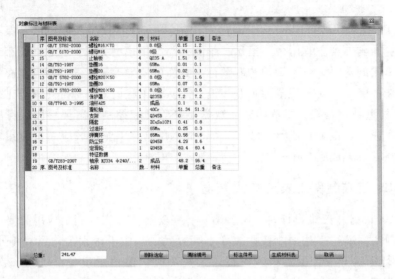

图 3.41　装配件材料表统计工具

2. 件号排序与标注

材料表生成后需要人为在各视图表达件号位置和编号。通过开发的"件号标注"工具，可以实现根据材料表按人工点选部件的先后进行从小到大的编号，同时引出相应件号，点取结构边，然后拖动件号的标注位置（图 3.42）。所有标注完成以后，可以按 Esc 键退出标注。件号标注完成后更新材料表（图 3.43）即完成件号与材料表的自动对应。

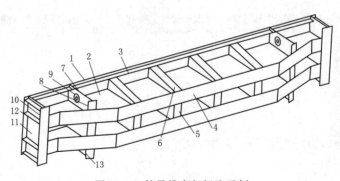

图 3.42　件号排序与标注示例

3. 焊缝标注参数输入

开发焊缝形状、钝边长度、角度、间隙、单双面焊等关键参数及符号可修改的焊缝标注工具，焊缝标注位置要跟随结构轮廓联动。开发具体需求如下：

（1）贴角焊焊缝形状、轮廓的符号。如 ^{13}⌐10 焊缝表示：10mm 焊脚高度的双面贴角焊，每条焊缝为边框形状，同类焊缝共 13 条。

（2）坡口焊间隙、坡口角度符号。如 $^{50°}_{2}$ 焊缝中，0 表示间隙，50°表示坡口角度，2

13		−22×300×340	2	Q345C	17.6	35.2	
12		−20×190×966	8	Q345C	28.8	230.4	
11		−20×966×2200	2	Q345C	333.7	667.4	
10		−22×400×2200	2	Q345C	152	304	
9		$\phi300/\phi120-12$	4	Q345C	5.4	21.6	
8		−16×300×350	2	Q345C	13.2	26.4	
7		−12×592×1418	2	Q345C	77.4	154.8	
6		−22×300×1585	8	Q345C	82.1	656.8	
5		−22×300×500	6	Q345C	25.9	155.4	
4		−10×200×12280	6	Q345C	1	6	
3		−10×200×12280	2	Q345C	192.8	385.6	
2		−16×1768×12280	2	Q345C	2397.3	4794.6	
1		−12×2200×12700	1	Q345C	2631.9	2631.9	
序号	图号及标准	名称	数量	材料	单重	总重	备注

图 3.43　最终生成的材料表

表示钝边长度，焊缝为单面坡口。

4. 中心线、隐藏线投影

利用开发工具栏能针对每个视图中的对称元素选择性地生成中心线，并且生成后能继承属性。模型更新后，中心线继续保留。隐藏线选择性输出，按照机械制图要求，能够对隐藏线以几何体为操作单元进行删除。可以对选定几何体进行放样视图的生成。

5. 视图拼接

利用开发视图拼接工具，将 2 个视图进行对称剖分、对齐，对视图进行组合拼接。满足钢闸门上、下游一半视图拼接为一个视图的制图习惯和要求。

3.4.3　Catia 工程图与 CAD 的转换

考虑到设计人员使用 CAD 的习惯及相关规范中的线型规定，在 Catia 二维工程图出图环境中可以定制各种线型和图层，但遇到一些特殊情况，如采用传统 CAD 软件无法查看图纸，或部分线型和图层无法满足归档要求，可将 Catia 二维图转存到 CAD 中进行查阅和修改。

Catia 二维工程图转存为 dwg/dxf 格式时，为保证输出文字、标注等在 CAD 中能正常编辑，需对"选项"→"常规"→"兼容性"→"dxf"菜单进行相关设置。为了使两种软件中图层能正确对应，需要进行图层映射，具体操作参考 CAD 使用手册，本书不再详细赘述。

3.5　钢闸门资源库建设

模板资源数据库的建设是实现本书中提出的"骨架关联＋调用模板"快速建模的前

提。通俗来讲，模板是将一些已经运用成熟的智能知识如技术经验、逻辑关系、模型特征等封装打包，只留出一些输入条件作为调用接口，便可快速实现对已有模型的引用。模板调用就像是针对三维模型的"复制"与"粘贴"。模板的使用可以大幅度减少重复的工作量，缩短产品的设计周期，因此创建并完善标准模板库至关重要。

3.5.1　结构件模板库建设

这里将模板按装配级别分为四级，依次是零件（构件，四级）模板、部件（三级）模板、总图（二级）模板及项目（一级）模板。零件模板作为底层模板，其建立采用面向对象的设计，以面板、主梁、次梁、隔板等分别作为独立基础类型进行统计归纳，结合参数化设计形成以超级副本或用户特征形式出现的通用的模板类型。部件模板是在零件模板基础上形成的，以门叶节为单元。由于安装制造的需要及运输条件的限制，通常都会将钢闸门进行分节设计制造，每节的空间构型及大小基本保持一致，因此以门叶节为单元搭建钢闸门效率更高。项目模板以钢闸门结构为单元，主要是考虑到常用钢闸门类型的相似性，以及为实现项目成果的再次利用的目的而建立，建模效率最高。

用户在钢闸门的建模过程中，既可以在零件（四级）模板和部件（三级）模板的基础上组合新的三维模型，也可以直接调用项目（一级）模板模型，按匹配度最高原则，选择调用。

下面主要介绍一些基础的零件（四级）模板创建过程。

3.5.1.1　主梁模板库

在动手创建模板之前，必须要对多套典型的设计图纸进行分析，分类提炼归纳出通用性、代表性及出现频率高的结构造型（特征），在此基础上提取特征参数。如等截面主梁常见的截面形式有 T 形、"工"字形、门形、Π 形、箱形等，见图 3.44，均由腹板及翼缘构成，其特征参数见图 3.45 和表 3.5。

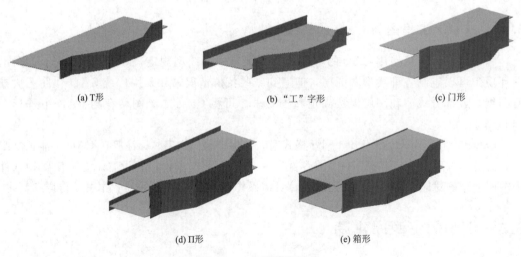

(a) T 形　　　　　　　(b) "工" 字形　　　　　　(c) 门形

(d) Π 形　　　　　　　(e) 箱形

图 3.44　主梁截面形式

表 3.5　　　　主梁特征参数表

参数	描述	类型
主梁型号	主梁型号代码	字符串
ZL_M_T	主梁腹板厚度	长度
ZL_M_L1	主梁腹板切口长度1	长度
ZL_M_L2	主梁腹板切口长度2	长度
ZL_D_H	主梁后翼缘宽度	长度
ZL_D_T	主梁后翼缘厚度	长度
ZL_D_DIS	主梁跨中变截面梁高	长度
ZL_U_T	主梁前翼缘厚度	长度
ZL_U_H	主梁前翼缘宽度	长度

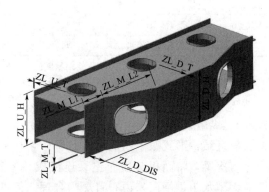

图3.45　通用主梁构件（四级）模板参数

注　输入参考元素包括中心平面、起点平面、终点平面、前贴合平面、梁高平面、翼缘切口平面。主梁的跨度由起点平面、终点平面确定。考虑到边梁后翼缘和主梁后翼缘可能不相等，因此引入边梁后翼缘厚度参数进行梁高平面定位。

3.5.1.2　次梁模板库

次梁常见的截面形式有矩形、T形、热轧角钢、热轧工字钢、热轧槽钢等，见图3.46，其特征参数见表3.6。热轧型钢属于标准件，参数化过程需要配合设计表。

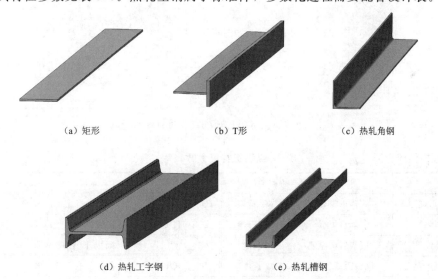

（a）矩形　　　　　　（b）T形　　　　　　（c）热轧角钢

（d）热轧工字钢　　　　　（e）热轧槽钢

图3.46　钢闸门次梁截面形式

表 3.6　　　　　　　　　　　次梁特征参数表

参数	描述	类型	参数	描述	类型
次梁类型	型钢类型	字符串	CL_T	型钢翼缘厚度	长度
规格	型钢规格	字符串	L	型钢长度	长度
CL_H	型钢高度	长度	CL_SUM_H	输出参数次梁总高度	长度

参　数	描　述	类　型	参　数	描　述	类　型
CL_B	型钢翼缘宽度	长度	CL_SUM_B	输出参数次梁总宽度	长度
CL_D	型钢腹板厚度	长度			

注　输入参考元素包括中心平面、起点平面、终点平面、贴合平面。次梁类型分为热轧工字钢、热轧槽钢和热轧角钢三类，通过此参数可以驱动模板在三者间任意切换；规格为型钢的规格参数。模板已经将所有尺寸参数与型钢规格表相关联，因此在使用模板的时候，只需在规格参数中选取相应的型号，其余参数均能相应地切换。

3.5.1.3　纵隔模板

纵隔板结构形式跟闸门的结构布置密切相关。对于齐平连接的闸门来说，采用纵隔板作为竖直次梁，将面板与横向主梁连接成一个整体，并对面板形成四边支承，受力条件好，对大型水工钢闸门来说布置更为合理。但纵隔板需要避开水平主次梁，造成纵隔板结构复杂，变化多样。以两种常用的纵隔板为例，其主要的控制尺寸参数如图 3.47 所示，其特征参数见表 3.7。

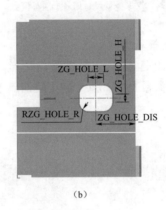

（a）　　　　　　　　　　　　　　（b）

图 3.47　通用纵隔板构件（四级）模板参数

表 3.7　　　　　　　　　　　　　　纵隔板特征参数表

参　数	描　述	类　型	参　数	描　述	类　型
底部形式	隔板类型	字符串	ZG_HOLE_DIS	隔板开孔定位距离	长度
顶部形式	隔板类型	字符串	ZG_HOLE_L	隔板开孔水平段长	长度
ZG_M_T	隔板腹板厚度	长度	ZG_HOLE_H	隔板开孔竖直段长	长度
ZG_D_T	隔板后翼缘厚度	长度	ZG_HOLE_R	隔板开孔倒角半径	长度
ZG_D_L	隔板后翼缘宽度	长度	引用参数	引用外部参数	参数集合

注　输入参考元素包括纵隔底部起点、纵隔顶部终点、纵隔高定位点、后翼缘对齐平面、前贴合面。底部形式、顶部形式分为竖直和倾斜两种隔板类型；引用参数表示纵隔板引用的主、次梁参数等外部参数，此处不再重复列表。

3.5.1.4　吊耳模板库

吊耳是连接闸门与启闭机的部件，启闭机吊轴或拉杆等吊具与设在门叶上的吊耳连接，实现闸门的启闭。直升式平面闸门的吊耳应设置在闸门隔板或边梁的顶部，并应设在闸门重心线上，一般闸门左右对称，只需要确定顺水流方向。根据闸门的宽高比和启闭机的要求等因素，闸门可采用单吊点和双吊点。一般当闸门宽高比大于 1 时宜采用双吊点。吊耳根据结构形式分为单腹板和双腹板。吊耳孔分为圆形孔、方梨形孔和圆梨形孔三种类型，为保证吊耳孔与轴的紧密接触，又便于装卸连接，宜将吊耳孔做成梨形孔。根据吊耳设置位置，边梁顶部吊耳与边梁模板结合，纵隔板顶部设吊耳时单独调用吊耳模板，吊耳构造形式见图 3.48，参数选择见表 3.8。

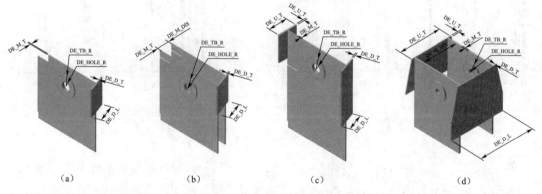

| | (a) | (b) | (c) | (d) |

图 3.48　钢闸门吊耳构造形式

表 3.8　　　　　　　　　　　　　　　　　纵隔板特征参数表

参　数	描　　述	类　型	参　数	描　　述	类　型
吊孔形式	吊孔及贴板的形状	字符串	DE_HOLE_R1	梨形孔底部半径	长度
是否有筋板	顶部次梁是否含有筋板	字符串	DE_HOLE_H	方梨形孔底部高度	长度
DE_M_T	吊耳腹板厚度	长度	DE_HOLE_B	方梨形孔宽度	长度
DE_D_T	吊耳后翼缘厚度	长度	DE_TB_R	圆形孔贴板半径	长度
DE_D_L	吊耳后翼缘宽度	长度	DE_TB_H	方梨形孔贴板高度	长度
DE_HOLE_HDIS	吊孔中心距离面板侧水平距离	长度	DE_TB_B	方梨形孔贴板宽度	长度
DE_HOLE_VDIS	吊孔中心距离顶部纵向距离	长度	DE_TB_T	贴板厚度	长度
DE_HOLE_R	圆形孔半径	长度	引用参数	引用外部参数	参数集合

注　输入参考元素包括吊耳定位点、后翼缘贴合面、面板贴合面、腹板贴合面、顶部对其平面、后翼缘顶部平面。吊孔形式分为圆形孔、方梨形孔和圆梨形孔三种类型；是否有筋板表示顶部次梁是否含有筋板；引用参数表示吊耳引用主、次梁参数，此处不再重复列表。

3.5.1.5　埋件及其他结构模板库

泄水系统平面闸门的门槽形式包括 I 型和 II 型门槽。闸门埋件应采用二期混凝土安装，埋件应根据制造、运输和安装条件选择分段。闸门的埋件主要包括底槛、主轨、副轨、反轨、侧轨、门楣等，多泥沙河流的排沙孔闸门门槽应进行衬护，因此埋件还包括钢衬和护角。弧形闸门的埋件还包括支铰埋件，表孔弧门支铰支承在钢筋混凝土牛腿上，潜孔弧形闸门可设横向支铰支承钢梁。

门槽埋件相比于门叶结构要简单，形式也较为固定，亦可按照上述思路（骨架稍有变动）完成模板创建，模板示例见图 3 - 49。

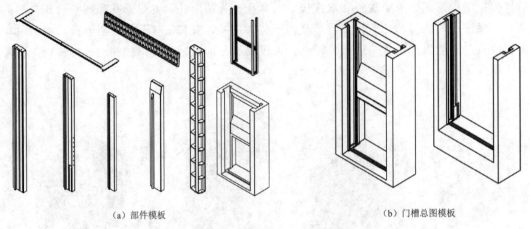

（a）部件模板　　　　　　　　　　　　　　　　（b）门槽总图模板

图 3.49　平面钢闸门门槽埋件模板示例

同理按此过程可完成边梁、锁锭座、加筋板等其他基础零件模板的创建。之后按照装配层级结构由零件（四级）模板实例化形成部件（三级）模板，由部件（三级）模板装配形成二级和一级模板。平面钢闸门各级模板示例见图 3.50。

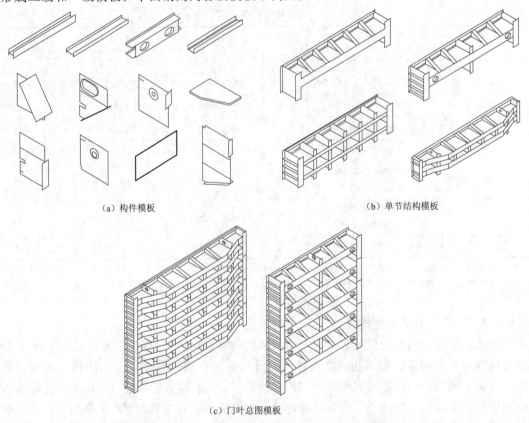

（a）构件模板　　　　　　　　　　　　　　　　（b）单节结构模板

（c）门叶总图模板

图 3.50　平面钢闸门各级模板示例

3.5.2 闸门附件模板库建设

3.5.2.1 充水阀系统

　　钢闸门附件包括充水阀及管路、锁锭机构、主/反滑块、主/侧轮装配、水封装置等，构成这些部件装配的零件都以单个 part 文档存在，通过装配关系组在一起，需提前建立这类四级模板库。以平面钢闸门充水阀系统为例，说明这一建库过程。

　　平面钢闸门充水阀系统用于闸门充水平压。因闸门形式及布置复杂多样，充水阀结构类型较多，主要分为平盖式、闸阀式、柱塞式三种类型，又细分为 6 种型式、24 个型号。基于 Catia 三维参数化建立以上各型号充水阀三维零件及订制图模板库。分析充水阀结构，建立包括阀体、轴、连杆、闸阀、挡环、钢管、垫圈、盖板、装配螺栓等零件在内的充水阀零件三维模型，根据充水行程、充水量、充水时间、设计水头、闸门止水方式等条件，结合设计计算习惯，对零件按照轮盘类、轴套类、箱体类进行零部件分类，依据图形拓扑关系，提炼设计参数，并对同类参数进行规整集中，实现零件参数化，经校审合格后形成充水阀系统三维参数化零件库，如图 3.51 所示。利用零件模板进行装配形成充水阀模板库，如图 3.52 所示。

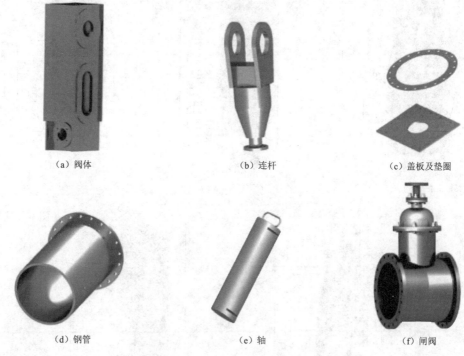

|（a）阀体|（b）连杆|（c）盖板及垫圈|
|（d）钢管|（e）轴|（f）闸阀|

图 3.51　充水阀系统基础零件模板库

　　参数化模型是三维数字化设计的基础，建立准确、合理的三维参数化模型直接关系到后续工程图及其它应用的效果。分析充水阀结构，建立包括阀体、轴、连杆、闸阀、挡环、钢管、垫圈、盖板、装配螺栓等零件在内的充水阀零件三维模型，根据充水容积、漏水量、充水时间、设计水头、闸门止水方式等条件，结合设计计算习惯，对零件按照轮盘类、轴套类、箱体类进行零部件分类，依据图形拓扑关系，提炼设计参数，并对同类参数进行规整集中，实现零件参数化，经校审合格后形成充水阀系统三维参数化零件库，见图 3.53。

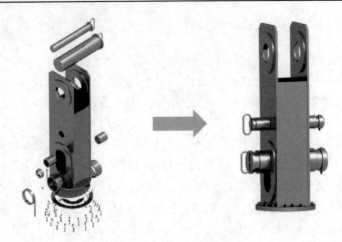

图 3.52　充水阀装置的装配

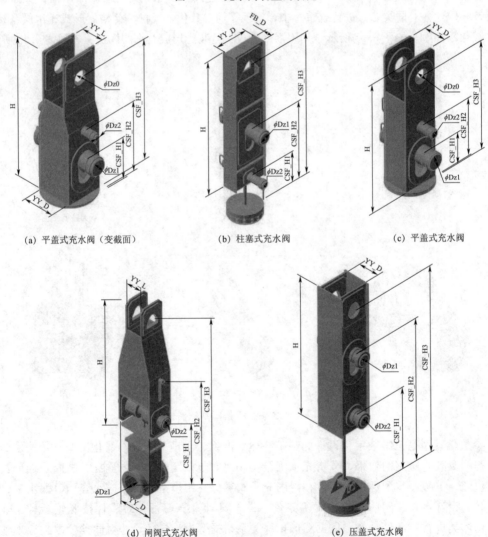

(a) 平盖式充水阀（变截面）　　　(b) 柱塞式充水阀　　　(c) 平盖式充水阀

(d) 闸阀式充水阀　　　(e) 压盖式充水阀

图 3.53　常用充水阀零件参数化模板

合理适度的参数化设计直接关系设计建模的效率，须避免过多参数化和过少参数化。简单地将所有尺寸设置为参数没有利用核心参数的驱动作用。有些尺寸之间本身存在内在的数值比例关系，若分别独立设置参数，不仅不利于效率提升有时反而容易造成设计上的错误。过少的参数化则因为只有少数参数，不足以整体、全面地驱动零件，若变更尺寸，需要进入草图或者几何体内部进行底层修改，没有充分发挥参数化设计的优势，反而可能降低设计效率。

关联参数化模型之后，对出图零件定制二维工程图。二维工程图是三维模型信息表达的平面化，应确保三维信息完整准确地体现在二维工程图中。利用 Catia 工程图模块定制施工图详细程度的工程图，采用向视图、剖视图、局部详图、三维轴测图全面完整表达零件各部位基准、结构尺寸、尺寸公差、形状公差、位置公差、加工表面要求等。对于 Catia 工程图模块表达方法中不符合机械制图规定的地方，通过与数字工程中心联合开发，以现有制图标准为依据，实现了焊缝表达、字体修改、视图拼接、中心线生成、材料表生成、剖面线订制、轮廓线线型修改等适应性开发。经校审合格后形成二维工程图模板库，常用充水阀类型及工程图资源库见表 3.9。

表 3.9　　　　　　　　　　　充水阀类型及工程图资源库对照表

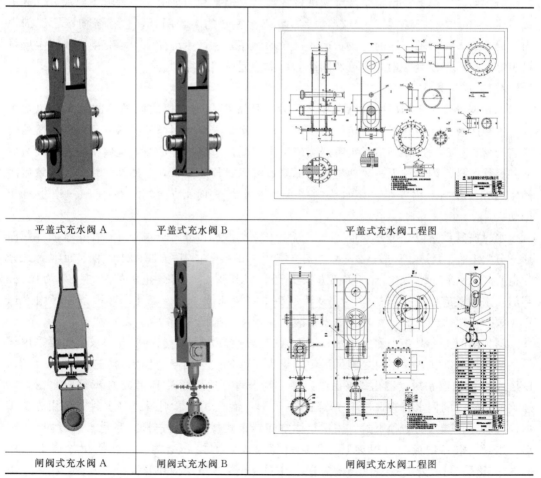

平盖式充水阀 A	平盖式充水阀 B	平盖式充水阀工程图
闸阀式充水阀 A	闸阀式充水阀 B	闸阀式充水阀工程图

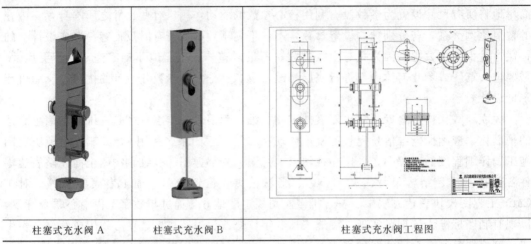

柱塞式充水阀 A	柱塞式充水阀 B	柱塞式充水阀工程图

工程图纸的便利性与严谨的绘图标准在产品生产加工的过程中有着相当重要的地位，生产加工者可以从图中清楚了解设计者对工件的要求等。考虑到现实对图纸集的需要，可进一步按照已有模板模型定制二维图纸模板。其原理是利用创成式工程绘图模块（Generative Drafting）将三维零件或装配件投影生成相关联的工程图纸，包括各向视图、剖视图、局部放大图、轴测图的生成；尺寸可自动标注，也可手动标注；填充剖面线；生成材料表等。在模型发生变动时，更新图纸即可快速完成图纸绘制。

3.5.2.2　水封装置

水封装置安装于闸门门叶或门槽上，用于阻止闸门与门槽之间的缝隙漏水，包括水封、水封压板、水封垫板、固定螺栓副等零件。水封主要采用橡胶材料，利用材料压缩变形实现密封止水。工作闸门封水不严会使水库渗漏，造成资源浪费，检修闸门漏水会造成下游检修区排水困难，无法旱地检修。低温地区水封长期漏水，会使闸门结冰，导致启闭操作困难，影响工程安全。高水头闸门水封漏水严重时形成射水，会使闸门产生自激振动。

水封按其设置位置可分为顶止水、侧止水、底止水和节间止水 4 种；按止水元件截面形式分为 I 形、P 形、L 形、Ω 形、"工"字形、山形等。其中常用的 P 形截面水封又分为空心/实心圆头 P 形、空心/实心方头 P 形、双圆头 P 形等。止水的材料主要为橡皮。闸门止水装置应根据闸门的类型、设计水头、安装部位、运行条件、环境条件等因素选定。根据常用水封截面形式，建立水封装置模板库，如图 3.54 所示。

露顶闸门上有侧止水和底止水，潜孔闸门上还有顶止水，当闸门孔口较高需要采用分段闸门时，尚需在各段闸门之间另设中间止水。露顶式平面闸门侧水封宜选用圆头 P 形、L 形或 Ω 形橡胶水封；潜孔式平面闸门顶、侧水封宜选用圆头 P 形或 Ω 形橡胶水封。露顶式弧形闸门的侧水封宜选用 L 形或圆头 P 形；潜孔式弧形闸门的侧水封宜选用方头 P 形橡胶水封，侧水封与顶水封宜采用整体空间转角式橡胶水封连接。底止水一般均采用 I 形，水封用水封垫板与压板夹紧，再通过螺栓固定到门叶结构上。连接螺栓通常选用 M14～M22，间距为 150～200mm 为宜，且需避开主次梁结构和筋板。

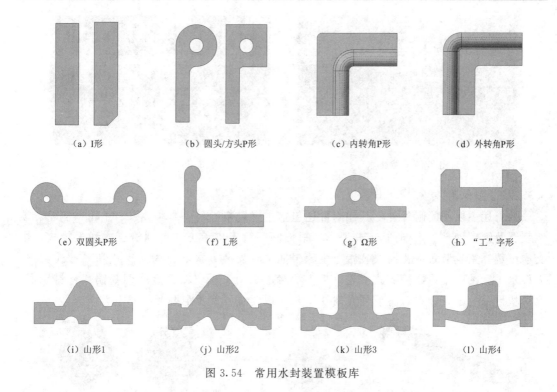

（a）I形   （b）圆头/方头P形   （c）内转角P形   （d）外转角P形

（e）双圆头P形   （f）L形   （g）Ω形   （h）"工"字形

（i）山形1   （j）山形2   （k）山形3   （l）山形4

图 3.54　常用水封装置模板库

为了安装方便，露顶闸门的侧止水与底止水通常随面板的位置来设置，例如当面板设在上游面时，便设置上游止水。

潜孔闸门止水主要根据胸墙的位置和操作的要求布置，详见图3.55～图3.58。当胸墙在闸门的上游面时，侧止水应布置在闸槽内，顶止水布置在上游面。考虑到门叶受力的挠曲变形会使顶止水脱离止水座，故设计时应使顶止水与止水座之间有一定的预压值，压缩量可取 3～10mm。当胸墙在闸门的下游面时，为了利用水压压紧水封橡皮以达到较好的封水效果，此时顶、侧、底水封应设置在下游，即使面板在上游挡水，也可将顶止水设在顶梁下游翼缘，侧止水设在边梁下游翼缘。

深孔闸门若因摩阻力较大而不能靠闸门自重关闭，为了使闸门顶部形成水柱压力促使闸门关闭，即利用水柱闭门，侧止水和顶止水均需布置在下游面，而底止水布置在靠近上游面，根据需要利用的水柱的大小，底止水随底缘腹板位置改变。

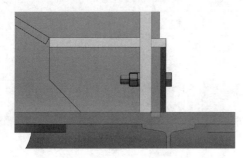

图 3.55　底止水

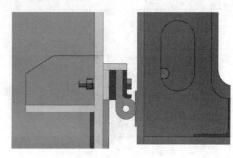

图 3.56　顶止水

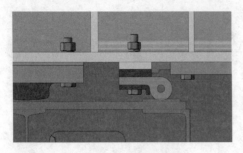

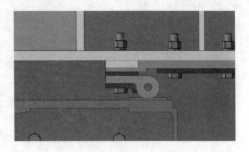

图 3.57　侧止水　　　　　　　　　　图 3.58　侧底转角止水

3.5.2.3　其他附件

除上述主要闸门附件外，其他附件还包括主滑块装置、反滑块装置、主轮、侧轮、锁锭装置及锁锭埋件等，如图 3.59 所示。根据闸门行走支承方式，即滑道式和滚轮式，主支承可选择主轮装置或主滑块装置。主轮根据主轴安装方式又分为简支式和悬臂式两种，大型水工钢闸门常采用简支式主轮。主支承滑道采用工程塑料合金或钢基铜塑材料滑道，反滑块可采用工程塑料合金或尼龙滑块，其模板建立可参考定型产品样本。

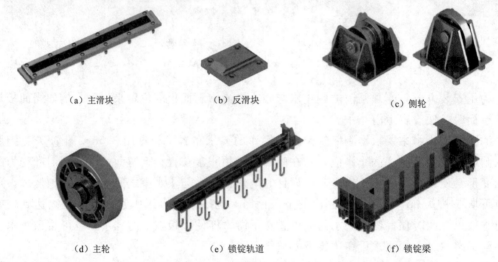

（a）主滑块　　　　　　　　（b）反滑块　　　　　　　　（c）侧轮

（d）主轮　　　　　　　　（e）锁锭轨道　　　　　　　　（f）锁锭梁

图 3.59　钢闸门主要附件模板库

建立闸门附件的零部件资源库后，对子零件模板进行装配形成附件装配模板库，如图 3.60～图 3.62 所示。

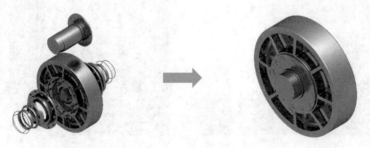

图 3.60　主轮的装配

图 3.61 侧轮的装配

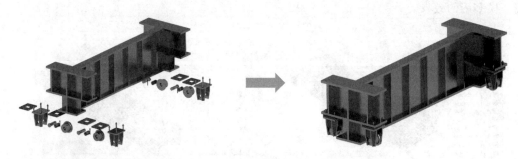

图 3.62 锁锭装置的装配

3.5.3 资源库目录建设及模板入库

Catia 提供目录编辑器，用于生成资源库管理目录，可以对已有模板和标准件库进行统一管理，方便设计者的调用，能够明显提高设计效率，减轻设计者的重复工作量。目录编辑器的主要功能用途分为以下几个方面：

(1) 创建并管理标准零件库，即文档模板，用于高效建模和重复调用。

(2) 创建和管理 3D 典型特征库，即特征类模板，用于零件的快速设计。

(3) 创建和管理 2D 符号库，即二维字符和图形库，用于二维工程图的设计。

在 Catia 菜单中依次点击开始→基础结构→目录编辑器进入目录编辑器模块。在新建的 .catalog 文件左侧目录树上通过章节工具栏 新建各级目录。目录结构树按级别包含：总目录（catalog）、章（chapter）、族（family \ part family）、构件（component）。模板按装配级别主要分为四级模板，因此，对各级模板目录梳理后创建资源库目录，如图 3.63 所示。

资源库目录创建后，可以通过数据工具栏 对族或章节点添加零部件系列，并可对族或章加入关键字，以便调用时快速检索到目标模板。零部件依次添加完成后，点击保存，对该目录文件以及模板库进行指定路径存储。

在确定结构造型和特征参数后，按照以下过程完成特

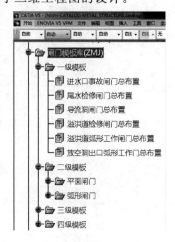

图 3.63 钢闸门资源库目录

征模板的入库，如图 3.64 所示。

图 3.64　特征模板的入库过程

需要说明的是，可供选择的模板类型有三种，即用户特征（UDF）、超级副本（Powercopy）和文档模板。它们均能在完成"复制"的同时，根据用户自定义的输入和参数控制产生新的设计结果；区别在于用户特征能将设计过程打包存放，便于保护设计人员的知识产权。例如创建生成主、次梁特征模板，见图 3.65，通过修改控制参数，可以真正实现一模多用的效果。

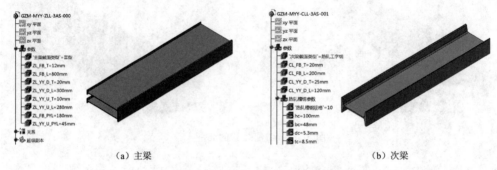

（a）主梁　　　　　　　　　　　　　　（b）次梁

图 3.65　平面钢闸门主、次梁特征模板

对于已创建的钢闸门资源库的调用，设计者在进行钢闸门建模过程中，无论是在装配设计模块或零件设计模块，单击工具栏中的库浏览器，选择上述资源库目录，寻找目标模板，通过双击即可在模型树或装配节点下完成模板的插入。

第 4 章　水工钢闸门结构有限元分析

4.1　概述

　　水工钢闸门是一个空间结构体系，其结构形式及所受荷载情况十分复杂多样。目前对水工钢闸门的设计主要是依据《水电工程钢闸门设计规范》（NB 35055—2015）和《水利水电工程钢闸门设计规范》（SL 74—2019）进行，规范所采用的主要是平面结构体系设计方法，一般将各部件进行一定程度的力学简化，将整个闸门分割成多个相互独立的构件，将外荷载（如静水压力等）按照经验分配给各构件，然后依据材料力学的方法对各个构件进行平面受力分析。这种方法虽然简单明了、便于操作，但是也有许多不足。首先，该方法将整个闸门结构体系划分为独立的构件，忽略了各个构件的整体协调性，不能准确反映整个闸门各构件间的相互联系和变形协调关系以及非计算构件在闸门上的作用。其次，该方法的结构计算只限于在主框架平面内进行，未曾考虑平面外的内力或应力的影响。可见，对于一些特殊的大跨度钢闸门或高水头钢闸门，该方法明显存在一定的缺陷。因此，采用一种更为精确的方法对闸门结构进行分析计算就变得十分重要。

　　随着有限单元法理论的不断完善、计算机硬件水平的不断提升，涌现出一大批优秀的商业有限元分析软件，如 ANSYS、ABAQUS、Marc 等，这给水工钢闸门的有限元分析计算提供了必要的条件。在进行有限元分析时，将闸门作为一个整体的空间体系，在荷载的作用下，闸门各个构件相互协调、共同作用。采用有限元分析的方法对闸门进行计算，可以充分体现闸门较强的空间效应，并能准确计算出各构件的内力、应力和变形，便于深入分析闸门的受力和变形特点，不仅可以节省材料，减轻闸门的自重，实现对闸门结构的整体优化，还能提高闸门的整体安全度。同时，采用有限元方法对过去按照平面体系方法设计建成的闸门进行校核分析，可以及早发现问题，防患于未然。因此，采用有限元方法对水工钢闸门进行分析具有极其重要的现实意义。

4.2　水工钢闸门结构有限元分析的理论与方法

4.2.1　弹性力学的基本理论

4.2.1.1　弹性力学的研究内容

　　弹性力学又称为弹性理论，是固体力学的一个分支，其主要研究内容为弹性体由于受外力作用、边界约束或温度改变等而发生的力、形变和位移。

弹性力学的研究对象为各种形状的弹性体，包括杆件、平面体、空间体、平板和壳体等。对于这些弹性体，弹性力学主要采用的研究方法为在弹性体区域内必须严格地考虑静力学、几何学和物理学三方面的条件，在边界上必须严格地考虑受力条件和约束条件，由此建立微分方程和边界条件，并进行求解。从数学角度来看，可以将弹性力学问题归结为在边界条件下求解微分方程组，属于微分方程的边值问题。借助数学工具，弹性力学中许多问题都已得到解答，为许多工程技术难题提供了解决方案，同时也为其他固体力学提供了参考。

弹性力学在土木、水利、机械、交通、航空等工程学科中占有重要地位。随着当代经济和技术的高速发展，许多大型、复杂的工程结构大量涌现，这些结构的安全性和经济性的矛盾十分突出，在保证结构安全运行的同时需要尽可能地节省材料。为了解决这一矛盾，就必须对结构进行严格而精确的分析。弹性力学是固体力学的基础，不仅可以分析杆系结构，还可以分析平面体、空间体、平板和壳体等各种形状的弹性体，为大型复杂结构的安全经济运行奠定了坚实的基础。

4.2.1.2　弹性力学的基本概念

弹性力学中常用的基本概念主要有外力、应力、形变和位移。外力是指其他物体对研究对象的作用力，可以分为体积力和表面力，简称为体力和面力。体力是分布在物体体积内的力，如重力和惯性力。物体内各点受体力的情况一般是不同的，为了表示该物体在某一点 P 所受体力的大小与方向，在该点处取该物体包含 P 点的一小部分，该部分的体积为 ΔV，如图 4.1（a）所示。设作用于 ΔV 的体力为 ΔF，则体力的平均集度为 $\Delta F/\Delta V$。令 ΔV 无限减小趋向于 0，假设体力为连续分布，则 $\Delta F/\Delta V$ 将趋向于一定的极限 f，即

$$\lim_{\Delta V \to 0} \frac{\Delta F}{\Delta V} = f \tag{4.1}$$

该极限矢量 f 就是物体在 P 点所受体力的集度，与 ΔF 同向。矢量 f 在坐标轴 x，y 和 z 上的投影 f_x，f_y 和 f_z 称为该物体在 P 点的体力分量，以沿坐标轴正向为正方向，量纲为 L^2MT^2。

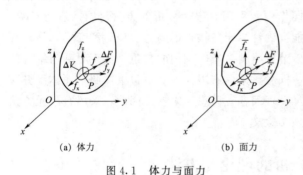

(a) 体力　　　　(b) 面力

图 4.1　体力与面力

面力是分布在物体表面上的力，例如流体压力和接触力。一般地，物体在其表面上受面力的情况也是不同的。为了表示该物体在表面某一点 P 所受面力的大小和方向，在该点处取物体表面包含 P 点的一小部分，该部分的面积为 ΔS，如图 4.1（b）所示。设作用于 ΔS 的面力为 ΔF，则面力的平均集度为 $\Delta F/\Delta S$。令 ΔS 无限减小趋向于 0，假设体力为连续分布，则 $\Delta F/\Delta S$ 将趋向于一定的极限 f，即

$$\lim_{\Delta S \to 0} \frac{\Delta F}{\Delta S} = \overline{f} \tag{4.2}$$

该极限矢量 $\overline{f}$ 就是物体在 P 点所受面力的集度，与 ΔF 同向。矢量 $\overline{f}$ 在坐标轴 x，y

和 z 上的投影 $\overline{f}_x$，$\overline{f}_y$ 和 $\overline{f}_z$ 称为该物体在 P 点的面力分量，以沿坐标轴正向为正方向，量纲为 L^1MT^2。

4.2.1.3 弹性力学的基本假定

在弹性力学问题中，通过对主要影响因素的分析，归结出以下 5 个弹性力学基本假定：

（1）连续性假定：假定物体是连续的，即假定整个物体的体积都被组成这个物体的介质所填满，不留下任何空隙，物体内的一些物理量，例如应力、形变、位移等才可能是连续的，因而才可能用坐标的连续函数表示它们的变化规律。

（2）完全弹性假定：假定物体是完全弹性的，即撤去引起物体变形的外力以后，物体能完全恢复变形而没有任何剩余形变，物体在任一瞬时的形变就完全取决于它在这一瞬时所受的外力，与它过去的受力情况无关。

（3）均匀性假定：假定物体是均匀的，即整个物体由同一材料组成，整个物体的所有各部分才具有相同的弹性，因而物体的弹性才不随位置坐标的改变而改变。

（4）各向同性假定：假定物体是各向同性的，即物体的弹性在各个方向都相同，物体的弹性系数常数不随方向的改变而改变。

（5）小变形假定：假定物体受力以后，整个物体各点的位移都远远小于物体原来的尺寸，而且应变和转角都远小于 1。在建立物体变形以后的平衡方程时，就可以方便地用变形以前的尺寸来代替变形以后的尺寸，而不致引起显著的误差。并且在考察物体的形变与位移的关系时，转角和应变的二次和更高次幂或乘积相对于其本身都可以略去不计。

4.2.1.4 平面问题的基本理论

1. 平面应力问题与平面应变问题

一般的弹性力学问题都是空间问题。但是如果弹性体具有某种特殊的形状，并且受到某种特殊的外力和约束，就可以把空间问题简化为近似的平面问题。这样处理，分析和计算的工作量将减少，而所得的结果仍然可以满足工程上对精度的要求。

第一种平面问题是平面应力问题，即只有平面应力分量（σ_x、σ_y 和 τ_{xy}）存在，且仅为 x、y 的函数的弹性力学问题。进而可认为，凡是符合这两点的问题都属于平面应力问题。第二种平面问题是平面应变问题，即只有平面应变分量（ε_x、ε_y 和 γ_{xy}）存在，且仅为 x、y 的函数的弹性力学问题。

2. 平衡微分方程

在弹性力学问题中，要同时考虑静力学、几何学和物理学三方面的条件，分别建立三套方程。在考虑平面问题的静力条件时，在弹性体内任一点处取出一个微分体，根据平衡条件来导出应力分量与体力分量之间的关系式，也就是平面问题的平衡微分方程。

从图 4.2 所示的薄板中取出一个微小的正平行六面体，如图 4.3 所示，它在 x 和 y 方向的尺寸分别为 $\mathrm{d}x$ 和 $\mathrm{d}y$。为了计算简便，它在 z 方向的尺寸取为一个单位长度。首先，以通过中心 C 并平行于 z 轴的直线为矩轴，列出力矩的平衡方程 $\sum M_c = 0$：

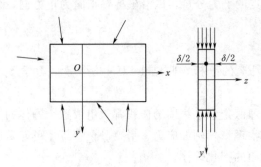 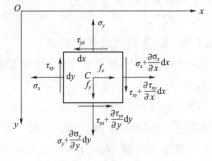

图 4.2　薄板受力　　　　　　　　　　　图 4.3　单元受力

$$\left(\tau_{xy}+\frac{\partial\tau_{xy}}{\partial x}\right)\mathrm{d}y\times1\times\frac{\mathrm{d}x}{2}+\tau_{xy}\mathrm{d}y\times1\times\frac{\mathrm{d}x}{2}-\left(\tau_{yx}+\frac{\partial\tau_{yx}}{\partial y}\mathrm{d}y\right)\mathrm{d}x\times$$

$$1\times\frac{\mathrm{d}y}{2}-\tau_{yx}\mathrm{d}x\times1\times\frac{\mathrm{d}y}{2}=0 \tag{4.3}$$

将式 (4.3) 两端除以 $\mathrm{d}x\mathrm{d}y$，合并相同的项，得到

$$\tau_{xy}+\frac{1}{2}\frac{\partial\tau_{xy}}{\partial x}\mathrm{d}x=\tau_{yx}+\frac{1}{2}\frac{\partial\tau_{yx}}{\partial y}\mathrm{d}y \tag{4.4}$$

略去微量不计，得出

$$\tau_{xy}=\tau_{yx} \tag{4.5}$$

其次，以 x 轴为投影轴，列出投影的平衡方程 $\sum F_x=0$：

$$\left(\sigma_x+\frac{\partial\sigma_x}{\partial x}\mathrm{d}x\right)\mathrm{d}y\times1-\sigma_x\mathrm{d}y\times1+\left(\tau_{yx}+\frac{\partial\tau_{yx}}{\partial y}\mathrm{d}y\right)\mathrm{d}x\times1-\tau_{yx}\mathrm{d}x\times1+f_x\mathrm{d}x\mathrm{d}y\times1=0$$

$$\tag{4.6}$$

约简以后两边除以 $\mathrm{d}x\mathrm{d}y$，得

$$\frac{\partial\sigma_x}{\partial x}+\frac{\partial\tau_{yx}}{\partial y}+f_x=0 \tag{4.7}$$

同样，由平衡方程 $\sum F_y=0$ 可得一个相似的微分方程。于是得出平面问题中应力分量与体力分量之间的关系式，即平面问题中的平衡微分方程：

$$\left.\begin{array}{l}\dfrac{\partial\sigma_x}{\partial x}+\dfrac{\partial\tau_{yx}}{\partial y}+f_x=0\\[2mm]\dfrac{\partial\sigma_y}{\partial y}+\dfrac{\partial\tau_{xy}}{\partial x}+f_y=0\end{array}\right\} \tag{4.8}$$

对于平面应变问题来说，在图 4.3 所示的六面体上，一般还有作用于前后两面的正应力 σ_z，但它们完全不影响式 (4.5) 和式 (4.8) 的建立，所以上述方程对两种平面问题都适用。

4.2.2　有限单元法的基本理论与方法

4.2.2.1　有限单元法简介

有限单元法最初作为结构力学位移法发展，它的基本思路就是将复杂的结构看成由有

限个单元仅在节点处连接的整体。首先对每一个单元分析其特性，建立相关物理量之间的相互联系。然后，依据单元之间的联系再将各个单元组装成整体，从而获得整体特性方程，应用方程相应的解法，即可完成对整个问题的分析[72]。这种先化整为零，再集零为整和化未知为已知的研究方法是有普遍意义的。

有限单元法作为一种近似的数值分析方法，借助于矩阵等数学工具，尽管计算工作量很大，但是整个的分析是一致的，有很强的规律性，因此特别适合于编制计算机程序来处理。一般来说，一定前提条件下分析的近似性，使得该方法的计算精度随着离散化网格的不断细化也随之得到改善。所以，随着计算机软硬件技术的飞速发展，有限单元法得到了越来越多的应用，50年左右的发展几乎涉及了各类科学、工程领域中的问题。从应用的深度和广度来看，有限单元法的研究和应用正继续不断地向前探索和推进。

从理论上来讲，用有限单元法来解决问题，无论是简单的一维杆系结构，还是受复杂荷载和不规则边界情况的二维平面、轴对称、三维空间块体等问题的静力、动力和稳定性分析，考虑材料具有非线性力学行为和有限变形的分析，温度场、电磁场、流体、液体、固体、结构与土壤相互作用等工程复杂问题的分析都可得到满意的解决，且其基本思路和分析过程都是相同的。一般来讲，应用有限单元法分析问题包含以下几个基本步骤：

（1）结构离散化。应用有限元法来分析工程问题的第一步是将结构进行离散化。其过程就是将待分析的结构用一些假想的线和面进行分割，使其成为具有选定切割形状的有限个单元体，这些单元体被认为仅仅在单元的一些指定点处相互连接，这些单元上的点则称为单元的节点。

（2）确定单元的位移模式。结构离散化后，接下来的工作就是对结构离散化所得的任一典型单元进行单元特性分析。为此，首先必须对该单元中任意一点的位移分布作出假设，即在单元内用只具有有限自由度的简单位移代替真实位移。对位移元来说，就是将单元中任意一点的位移近似地表示成该单元节点位移的函数，该位移称为单元的位移模式或位移函数。位移函数的假设合理与否，将直接影响到有限元分析的计算精度、效率和可靠性。

（3）单元特性分析。

（4）确定了单元位移模式后就可以对单元做如下3个方面的工作：

1）利用几何方程将单元中任意一点的应变用待定的单元节点位移来表示。

2）利用物理方程推导出用单元节点位移表示的单元中任意一点应力的矩阵方程。

3）利用虚位移原理或最小势能原理建立单元刚度方程。

（5）按离散情况集成所有单元的特性，建立表示整个结构节点平衡的方程组。

（6）解方程组和输出计算结果。

4.2.2.2　弹性力学问题有限元方法的一般原理和表达格式

对于一个力学或物理问题，在建立其数学模型以后，用有限元方法对其进行分析的首要步骤是选择单元形式。平面问题三节点三角形单元是有限元方法最早采用，而且至今仍经常采用的单元形式。本章将它作为典型，讨论如何应用广义坐标建立单元位移模式与位移插值函数，以及根据最小位能原理建立有限元求解方程的原理、方法与步骤，并进而引出弹性力学问题有限元方法的一般表达格式。

1. 单元位移模式及插值函数的构造

由于三角形单元对复杂边界有较强的适应能力,因此很容易将一个二维区域离散成有限个三角形单元,如图 4.4 所示。在边界上以若干段直线近似原来的曲线边界,随着单元的增多,这种拟合将越来越精确。

典型的三节点三角形单元节点编码为 i,j,m,以逆时针方向为编码正向。每个节点有 2 个位移分量,如图 4.5 所示。每个单元有 6 个节点位移,即 6 个节点自由度。

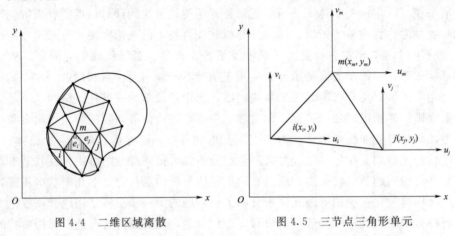

图 4.4　二维区域离散　　　　　图 4.5　三节点三角形单元

(1) 单元的位移模式和广义坐标。在有限元方法中,单元的位移模式(或称为位移函数)一般采用多项式作为近似函数,因为多项式运算简便,并且随着项数的增多,可以逼近任何一段光滑的函数曲线。多项式的选取应由低次到高次。

三节点三角形单元的位移模式选取一次多项式:

$$u = \beta_1 + \beta_2 x + \beta_3 y \left.\right\} \atop v = \beta_4 + \beta_5 x + \beta_6 y \tag{4.9}$$

它的矩阵表示是

$$u = \boldsymbol{\varphi}\boldsymbol{\beta} \tag{4.10}$$

其中

$$\boldsymbol{u} = \begin{bmatrix} u \\ v \end{bmatrix}, \quad \boldsymbol{\varphi} = \begin{bmatrix} \varphi & 0 \\ 0 & \varphi \end{bmatrix}$$

$$\boldsymbol{\varphi} = \begin{bmatrix} 1 & x & y \end{bmatrix}, \quad \boldsymbol{\beta} = \begin{bmatrix} \beta_1 & \beta_2 & \cdots & \beta_6 \end{bmatrix}^{\mathrm{T}}$$

$\boldsymbol{\varphi}$ 称为位移模式,它表示位移作为坐标 x,y 的函数中所包含的项次。对于现在的情况,单元内的位移是坐标 x 和 y 的线性函数;$\beta_1 \sim \beta_6$ 是待定系数,称为广义坐标。6 个广义坐标可由单元的 6 个节点位移来表示。在式 (4.9) 中代入节点 i 的坐标 (x_i,y_i),可得到节点 i 在 x 方向的位移 u_i,同理可得 u_j 和 u_m。它们表示为

$$u_i = \beta_1 + \beta_2 x_i + \beta_3 y_i \atop u_j = \beta_1 + \beta_2 x_j + \beta_3 y_j \left.\right\} \atop u_m = \beta_1 + \beta_2 x_m + \beta_3 y_m \tag{4.11}$$

解式 (4.11),可以得到广义坐标由节点位移表示的表达式。式 (4.11) 的系数行列

式是

$$D = \begin{vmatrix} 1 & x_i & y_i \\ 1 & x_j & y_j \\ 1 & x_m & y_m \end{vmatrix} = 2A \tag{4.12}$$

其中，A 是三角形单元的面积。

广义坐标 $\beta_1 \sim \beta_3$ 为

$$\left. \begin{aligned} \beta_1 &= \frac{1}{D} \begin{vmatrix} u_i & x_i & y_i \\ u_j & x_j & y_j \\ u_m & x_m & y_m \end{vmatrix} = \frac{1}{2A}(a_i u_i + a_j u_j + a_m u_m) \\ \beta_2 &= \frac{1}{D} \begin{vmatrix} 1 & u_i & y_i \\ 1 & u_j & y_j \\ 1 & u_m & y_m \end{vmatrix} = \frac{1}{2A}(b_i u_i + b_j u_j + b_m u_m) \\ \beta_3 &= \frac{1}{D} \begin{vmatrix} 1 & x_i & u_i \\ 1 & x_j & u_j \\ 1 & x_m & u_m \end{vmatrix} = \frac{1}{2A}(c_i u_i + c_j u_j + c_m u_m) \end{aligned} \right\} \tag{4.13}$$

同理，利用 3 个节点 y 方向的位移可求得

$$\left. \begin{aligned} \beta_4 &= \frac{1}{2A}(a_i v_i + a_j v_j + a_m v_m) \\ \beta_5 &= \frac{1}{2A}(b_i v_i + b_j v_j + b_m v_m) \\ \beta_6 &= \frac{1}{2A}(c_i v_i + c_j v_j + c_m v_m) \end{aligned} \right\} \tag{4.14}$$

在式（4.13）和式（4.14）中，有

$$\left. \begin{aligned} a_i &= \begin{vmatrix} x_j & y_j \\ x_m & y_m \end{vmatrix} = x_j y_m - x_m y_j \\ b_i &= -\begin{vmatrix} 1 & y_j \\ 1 & y_m \end{vmatrix} = y_j - y_m \qquad (i,j,m) \\ c_i &= \begin{vmatrix} 1 & x_j \\ 1 & x_m \end{vmatrix} = -x_j + x_m \end{aligned} \right\} \tag{4.15}$$

式中，(i, j, m) 表示下标轮换，如 $i \rightarrow j$，$j \rightarrow m$，$m \rightarrow i$，下同。

（2）位移插值函数。将求得的广义坐标 $\beta_1 \sim \beta_6$ 代入式（4.9）中，可将位移函数表示成节点位移的函数，即

$$\left. \begin{aligned} u &= N_i u_i + N_j u_j + N_m u_m \\ v &= N_i v_i + N_j v_j + N_m v_m \end{aligned} \right\} \tag{4.16}$$

其中

$$N_i = \frac{1}{2A}(a_i + b_i x + c_i y) \qquad (i,j,m) \tag{4.17}$$

式中：N_i，N_j，N_m 为单元的插值函数或形函数，对于当前情况，它是坐标 x、y 的一次函数；a_i，b_i，c_i，$\cdots$，c_m 为常数，取决于单元的 3 个节点坐标。

式（4.17）中的单元面积 A 可用式（4.15）的系数表示为

$$A = \frac{1}{2}D = \frac{1}{2}(a_i + a_j + a_m) = \frac{1}{2}(b_i c_j - b_j c_i) \tag{4.18}$$

式（4.16）的矩阵形式是

$$
\boldsymbol{u} = \begin{pmatrix} u \\ v \end{pmatrix} = \begin{bmatrix} N_i & 0 & N_j & 0 & N_m & 0 \\ 0 & N_i & 0 & N_j & 0 & N_m \end{bmatrix} \begin{Bmatrix} u_i \\ v_i \\ u_j \\ v_j \\ u_m \\ v_m \end{Bmatrix}
$$

$$
= \begin{bmatrix} IN_i & IN_j & IN_m \end{bmatrix} \begin{Bmatrix} a_i \\ a_j \\ a_m \end{Bmatrix} \tag{4.19}
$$

$$
= \begin{bmatrix} N_i & N_j & N_m \end{bmatrix} \boldsymbol{a}^e = \boldsymbol{N} \boldsymbol{a}^e
$$

式中：$\boldsymbol{N}$ 为插值函数矩阵或形函数矩阵；I 为节点极贯性矩；$\boldsymbol{a}^e$ 为单元节点位移矩阵。

插值函数具有如下性质：

1）在节点上插值函数的值为

$$N_i(x_j, y_j) = \delta_{ij} = \begin{cases} 1, & j = i \\ 0, & j \neq i \end{cases} \quad (i, j, m) \tag{4.20}$$

即有 $N_i(x_i, y_i) = 1$，$N_i(x_j, y_j) = N_i(x_m, y_m) = 0$。也就是说在 i 节点上 $N_i = 1$，在 j，m 节点上 $N_i = 0$。由式（4.16）可见，当 $x = x_i$，$y = y_i$ 时，即在节点 i，应有 $u = u_i$，因此也必然要求 $N_i = 1$，$N_j = N_m = 0$。其他两个形函数也具有同样的性质。

2）在单元中任一点各插值函数之和应等于 1，即

$$N_i + N_j + N_m = 1 \tag{4.21}$$

因为若发生单位刚体位移，如 x 方向有刚体位移 u_0，则单元内（包含节点上）到处应有位移 u_0，即 $u_i = u_j = u_m = u_0$。又由式（4.18）得到

$$u = N_i u_i + N_j u_j + N_m u_m = (N_i + N_j + N_m)u_0 = u_0 \tag{4.22}$$

因此必然要求 $N_i + N_j + N_m = 1$。若插值函数不能满足此要求，则不能反映单元的刚体位移，用以求解必然得不到正确的结果。单元的各个节点位移插值函数之和等于 1 的性质称为规已性。

3）对于现在的单元，插值函数是线性的，在单元内部及单元的边界上位移也是线性的，可由节点上的位移值唯一确定。由于相邻单元公共节点的节点位移是相等的，因此保证了相邻单元在公共边界上的位移的连续性。

2. 应变矩阵和应力矩阵

确定了单元位移后，可以很方便地利用几何方程和物理方程求得单元的应变和应力。

将式（4.19）代入几何方程中，可得单元的应变为

$$\boldsymbol{\varepsilon} = \begin{pmatrix} \varepsilon_x \\ \varepsilon_y \\ \gamma_{xy} \end{pmatrix} = \boldsymbol{Lu} = \boldsymbol{LN}\ \boldsymbol{a}^e = \boldsymbol{L}[\boldsymbol{N}_i \quad \boldsymbol{N}_j \quad \boldsymbol{N}_m]\boldsymbol{a}^e \tag{4.23}$$

$$= [\boldsymbol{B}_i \quad \boldsymbol{B}_j \quad \boldsymbol{B}_m]\boldsymbol{a}^e = \boldsymbol{Ba}^e$$

式中：$\boldsymbol{B}$ 为应变矩阵；$\boldsymbol{L}$ 为平面问题的微分算子。

应变矩阵 $\boldsymbol{B}$ 的分块矩阵是

$$\boldsymbol{B}_i = \boldsymbol{LN}_i = \begin{bmatrix} \dfrac{\partial}{\partial x} & 0 \\ 0 & \dfrac{\partial}{\partial y} \\ \dfrac{\partial}{\partial y} & \dfrac{\partial}{\partial x} \end{bmatrix} \begin{bmatrix} N_i & 0 \\ 0 & N_i \end{bmatrix} = \begin{bmatrix} \dfrac{\partial N_i}{\partial x} & 0 \\ 0 & \dfrac{\partial N_i}{\partial y} \\ \dfrac{\partial N_i}{\partial y} & \dfrac{\partial N_i}{\partial x} \end{bmatrix} \quad (i,j,m) \tag{4.24}$$

对式（4.17）求导可得

$$\frac{\partial N_i}{\partial x} = \frac{1}{2A}b_i \quad \frac{\partial N_i}{\partial y} = \frac{1}{2A}c_i \tag{4.25}$$

代入式（4.24）得

$$\boldsymbol{B}_i = \frac{1}{2A} \begin{bmatrix} b_i & 0 \\ 0 & c_i \\ c_i & b_i \end{bmatrix} \quad (i,j,m) \tag{4.26}$$

三节点单元的应变矩阵是

$$\boldsymbol{B} = [\boldsymbol{B}_i \quad \boldsymbol{B}_j \quad \boldsymbol{B}_m] = \frac{1}{2A} \begin{bmatrix} b_i & 0 & b_j & 0 & b_m & 0 \\ 0 & c_i & 0 & c_j & 0 & c_m \\ c_i & b_i & c_j & b_j & c_m & b_m \end{bmatrix} \tag{4.27}$$

其中 b_i，b_j，b_m，c_i，c_j，c_m 由式（4.15）确定，它们是单元形状的参数。当单元的节点坐标确定后，这些参数都是常量（与坐标变量 x，y 无关），因此 $\boldsymbol{B}$ 是常量阵。当单元的节点位移 $\boldsymbol{a}^e$ 确定后，由 $\boldsymbol{B}$ 转换求得的单元应变都是常量，也就是说在荷载作用下单元中各点具有同样的 ε_x 值、ε_x 值及 γ_{xy} 值。因此三节点三角形单元称为常应变单元。在应变梯度较大的部位，单元划分应适当密集，否则将不能反映应变的真实变化，导致较大的误差。

单元应力可以根据物理方程求得，即将式（4.23）代入物理方程中即可得到

$$\boldsymbol{\sigma} = \begin{bmatrix} \sigma_x \\ \sigma_y \\ \tau_{xy} \end{bmatrix} = \boldsymbol{D\varepsilon} = \boldsymbol{DBa}^e = \boldsymbol{Sa}^e \tag{4.28}$$

其中

$$\boldsymbol{S} = \boldsymbol{DB} = \boldsymbol{D}[\boldsymbol{B}_i \quad \boldsymbol{B}_j \quad \boldsymbol{B}_m]$$
$$= [\boldsymbol{S}_i \quad \boldsymbol{S}_j \quad \boldsymbol{S}_m] \tag{4.29}$$

$\boldsymbol{S}$ 称为应力矩阵。将平面应力或平面应变的弹性矩阵及式（4.27）代入式（4.29），可以得到计算平面应力或平面应变问题的单元应力矩阵。$\boldsymbol{S}$ 的分块矩阵为

$$S_i = DB_i = \frac{E_0}{2(1-\nu_0^2)A} \begin{bmatrix} b_i & \nu_0 c_i \\ \nu_0 b_i & c_i \\ \dfrac{1-\nu_0}{2}c_i & \dfrac{1-\nu_0}{2}b_i \end{bmatrix} \quad (i,j,m) \tag{4.30}$$

式中：E_0、ν_0 为材料常数。

对于平面应力问题，有

$$E_0 = E \nu_0 = \nu \tag{4.31}$$

对于平面应变问题，有

$$E_0 = \frac{E}{1-\nu^2} \nu_0 = \frac{\nu}{1-\nu} \tag{4.32}$$

与应变矩阵 B 相同，应力矩阵 S 也是常量阵，即三节点单元中各点的应力是相同的。在很多情况下，不单独定义应力矩阵 S，而直接用 DB 进行应力计算。

3. 利用最小位能原理建立有限元方程

最小位能原理的泛函总位能 Π_P 的表达式在平面问题中的矩阵表达形式为

$$\Pi_P = \int_\Omega \frac{1}{2} \boldsymbol{\varepsilon}^\mathrm{T} \boldsymbol{D} \boldsymbol{\varepsilon} t \,\mathrm{d}x \,\mathrm{d}y - \int_\Omega \boldsymbol{u}^\mathrm{T} \boldsymbol{f} t \,\mathrm{d}x \,\mathrm{d}y - \int_{S_\sigma} \boldsymbol{u}^\mathrm{T} \boldsymbol{T} t \,\mathrm{d}S \tag{4.33}$$

式中：t 为二维体厚度；f 为作用在二维体内的体积力；T 为作用在二维体边界上的面积力。

对于离散模型，系统位能是各单元位能的和，将式（4.19）和式（4.23）代入式（4.33），即得到离散模型的总位能为

$$\Pi_P = \sum_e \Pi_P^e = \sum_e \left(\boldsymbol{a}^{e\mathrm{T}} \int_{\Omega_e} \frac{1}{2} \boldsymbol{B}^\mathrm{T} \boldsymbol{D} \boldsymbol{B} t \,\mathrm{d}x \,\mathrm{d}y \boldsymbol{a}^e \right) - \sum_e \left(\boldsymbol{a}^{e\mathrm{T}} \int_{\Omega_e} \boldsymbol{N}^\mathrm{T} \boldsymbol{f} t \,\mathrm{d}x \,\mathrm{d}y \right) -$$
$$\sum_e \left(\boldsymbol{a}^{e\mathrm{T}} \int_{S_\sigma^e} \boldsymbol{N}^\mathrm{T} \boldsymbol{T} t \,\mathrm{d}S \right) \tag{4.34}$$

将结构总位能的各项矩阵表达成各个单元总位能的各对应项矩阵之和，隐含着要求单元各项矩阵的阶数（即单元的节点自由度数）和结构各项矩阵的阶数（即结构的节点自由度数）相同。为此需要引入单元节点自由度和结构节点自由度的转换矩阵 G，从而将单元节点位移列阵 $\boldsymbol{a}^e$ 用结构节点位移阵列 $\boldsymbol{a}$ 表示，即

$$\boldsymbol{a}^e = \boldsymbol{G} \boldsymbol{a} \tag{4.35}$$

其中，$\boldsymbol{a} = \begin{bmatrix} u_1 & v_1 & u_2 & v_2 & \cdots & u_i & v_i & \cdots & u_n & v_n \end{bmatrix}^\mathrm{T}$

$$\boldsymbol{G}_{6 \times 2n} = \begin{bmatrix} 0 & 0 & \cdots & 1 & 0 & \cdots & 0 & 0 & \cdots & 0 & 0 & \cdots & 0 \\ 0 & 0 & \cdots & 0 & 1 & \cdots & 0 & 0 & \cdots & 0 & 0 & \cdots & 0 \\ 0 & 0 & \cdots & 0 & 0 & \cdots & 0 & 0 & \cdots & 1 & 0 & \cdots & 0 \\ 0 & 0 & \cdots & 0 & 0 & \cdots & 0 & 0 & \cdots & 0 & 1 & \cdots & 0 \\ 0 & 0 & \cdots & 0 & 0 & \cdots & 1 & 0 & \cdots & 0 & 0 & \cdots & 0 \\ 0 & 0 & \cdots & 0 & 0 & \cdots & 0 & 1 & \cdots & 0 & 0 & \cdots & 0 \end{bmatrix} \tag{4.36}$$

其中 n 为结构的节点数，令

$$\left. \begin{aligned} \boldsymbol{K}^e &= \int_{\Omega^e} \boldsymbol{B}^\mathrm{T} \boldsymbol{D} \boldsymbol{B} t \,\mathrm{d}x \,\mathrm{d}y \boldsymbol{P}_f^e = \int_{\Omega^e} \boldsymbol{N}^\mathrm{T} \boldsymbol{f} t \,\mathrm{d}x \,\mathrm{d}y \\ \boldsymbol{P}_S^e &= \int_{S_\sigma^e} \boldsymbol{N}^\mathrm{T} \boldsymbol{T} t \,\mathrm{d}S \boldsymbol{P}^e = \boldsymbol{P}_f^e + \boldsymbol{P}_S^e \end{aligned} \right\} \tag{4.37}$$

$\boldsymbol{K}^e$ 和 $\boldsymbol{P}^e$ 分别为单元刚度矩阵和单元等效节点载荷列阵。

将式（4.35）～式（4.37）一并代入式（4.34）中，则离散形式的总位能可以表示为

$$\Pi_P = \boldsymbol{a}^{\mathrm{T}} \frac{1}{2} \sum_e (\boldsymbol{G}^{\mathrm{T}} \boldsymbol{K}^e \boldsymbol{G}) \boldsymbol{a} - \boldsymbol{a}^{\mathrm{T}} \sum_e (\boldsymbol{G}^{\mathrm{T}} \boldsymbol{P}^e) \tag{4.38}$$

并令

$$\boldsymbol{K} = \sum_e \boldsymbol{G}^{\mathrm{T}} \boldsymbol{K}^e \boldsymbol{G} \boldsymbol{P} = \sum_e \boldsymbol{G}^{\mathrm{T}} \boldsymbol{P}^e \tag{4.39}$$

$\boldsymbol{K}$ 和 $\boldsymbol{P}$ 分别称为结构整体刚度矩阵和结构节点载荷列阵。因此，式（4.38）可以表示为

$$\Pi_P = \frac{1}{2} \boldsymbol{a}^{\mathrm{T}} \boldsymbol{K} \boldsymbol{a} - \boldsymbol{a}^{\mathrm{T}} \boldsymbol{P} \tag{4.40}$$

由于离散形式的总位能 Π_P 的未知变量是结构的节点位移 $\boldsymbol{a}$，根据变分原理，泛函 Π_P 取驻值的条件是它的一次变分为零，$\delta \Pi_P = 0$，即

$$\frac{\partial \Pi_P}{\partial \boldsymbol{a}} = 0 \tag{4.41}$$

这样就得到有限元的求解方程

$$\boldsymbol{K} \boldsymbol{a} = \boldsymbol{P} \tag{4.42}$$

其中 $\boldsymbol{K}$ 和 $\boldsymbol{P}$ 由式（4.39）给出。由式（4.39）可以看出，结构整体刚度矩阵 $\boldsymbol{K}$ 和结构节点载荷列阵 $\boldsymbol{P}$ 都是由单元刚度矩阵 $\boldsymbol{K}^e$ 和单元等效节点载荷列阵 $\boldsymbol{P}^e$ 集合而成。

4. 单元刚度矩阵

（1）单元刚度矩阵的形成。由式（4.37）定义的单元刚度矩阵，由于应变矩阵 $\boldsymbol{B}$ 对于三节点三角形单元是常量阵，因此有

$$\boldsymbol{K}^e = \boldsymbol{B}^{\mathrm{T}} \boldsymbol{D} \boldsymbol{B} t A = \begin{bmatrix} \boldsymbol{K}_{ii} & \boldsymbol{K}_{ij} & \boldsymbol{K}_{im} \\ \boldsymbol{K}_{ji} & \boldsymbol{K}_{jj} & \boldsymbol{K}_{jm} \\ \boldsymbol{K}_{mi} & \boldsymbol{K}_{mj} & \boldsymbol{K}_{mm} \end{bmatrix} \tag{4.43}$$

代入弹性矩阵 $\boldsymbol{D}$ 和应变矩阵 $\boldsymbol{B}$ 后，它的任一分块矩阵可表示成

$$\boldsymbol{K}_{rs} = \boldsymbol{B}_r^{\mathrm{T}} \boldsymbol{D} \boldsymbol{B}_s t A = \frac{E_0 t}{4(1-\nu_0^2)A} \begin{bmatrix} K_1 & K_3 \\ K_2 & K_4 \end{bmatrix} \quad (r,s=i,j,m) \tag{4.44}$$

其中

$$K_1 = b_r b_s + \frac{1-\nu_0}{2} c_r c_s$$

$$K_2 = \nu_0 c_r b_s + \frac{1-\nu_0}{2} b_r c_s$$

$$K_3 = \nu_0 b_r c_s + \frac{1-\nu_0}{2} c_r b_s \tag{4.45}$$

$$K_4 = c_r c_s + \frac{1-\nu_0}{2} b_r b_s$$

由式（4.44）可得

$$(\boldsymbol{K}_{sr})^{\mathrm{T}} = \boldsymbol{K}_{rs} \tag{4.46}$$

由此可见单元刚度矩阵是对称矩阵。

（2）单元刚度矩阵的力学意义和性质。为了进一步理解单元刚度矩阵的物理意义，同样可以利用最小位能原理建立一个单元的求解方程，从而得到

$$K^e a^e = P^e + F^e \tag{4.47}$$

式中：P^e 为单元等效节点载荷；F^e 为其他相邻单元对该单元的作用力；P^e 和 F^e 为节点力。

a^e、P^e 和 F^e 依次表示为

$$
\begin{aligned}
a^e &= \begin{bmatrix} u_i & v_i & u_j & v_j & u_m & v_m \end{bmatrix}^{\mathrm{T}} \\
&= \begin{bmatrix} a_1 & a_2 & a_3 & \cdots & a_6 \end{bmatrix}^{\mathrm{T}} \\
P^e &= \begin{bmatrix} P_{ix} & P_{iy} & P_{jx} & P_{jy} & P_{mx} & P_{my} \end{bmatrix}^{\mathrm{T}} \\
&= \begin{bmatrix} P_1 & P_2 & P_3 & \cdots & P_6 \end{bmatrix}^{\mathrm{T}} \\
F^e &= \begin{bmatrix} F_{ix} & F_{iy} & F_{jx} & F_{jy} & F_{mx} & F_{my} \end{bmatrix}^{\mathrm{T}} \\
&= \begin{bmatrix} F_1 & F_2 & F_3 & \cdots & F_6 \end{bmatrix}^{\mathrm{T}}
\end{aligned}
\tag{4.48}
$$

式（4.47）的展开形式是

$$
\begin{bmatrix}
K_{11} & K_{12} & \cdots & K_{16} \\
K_{21} & K_{22} & \cdots & K_{26} \\
\vdots & \vdots & \ddots & \vdots \\
K_{61} & K_{62} & \cdots & K_{66}
\end{bmatrix}
\begin{Bmatrix}
a_1 \\ a_2 \\ a_3 \\ a_4 \\ a_5 \\ a_6
\end{Bmatrix}
=
\begin{Bmatrix}
P_1 \\ P_2 \\ P_3 \\ P_4 \\ P_5 \\ P_6
\end{Bmatrix}
+
\begin{Bmatrix}
F_1 \\ F_2 \\ F_3 \\ F_4 \\ F_5 \\ F_6
\end{Bmatrix}
\tag{4.49}
$$

式（4.49）单元节点平衡方程，每个节点在 x 和 y 方向上各有一个平衡方程，3 个节点共有 6 个平衡方程。方程左端是通过单元节点位移表示的单元节点内力，方程右端是单元节点内力（外荷载和相邻单元的作用力之和）。

令 $a_1 = 1$（$u_i = 1$），$a_2 = a_3 = \cdots = a_6 = 0$，由式（4.49）可以得到

$$
\begin{Bmatrix}
K_{11} \\ K_{21} \\ \vdots \\ K_{61}
\end{Bmatrix}_{a_1=1}
=
\begin{Bmatrix}
P_1 \\ P_2 \\ \vdots \\ P_6
\end{Bmatrix}
+
\begin{Bmatrix}
F_1 \\ F_2 \\ \vdots \\ F_6
\end{Bmatrix}
\tag{4.50}
$$

式（4.50）表明，单元刚度矩阵第一列元素的物理意义是：当 $a_1 = 1$，其他节点位移都为 0 时，需要在单元各节点位移方向上施加节点力的大小。当然，单元在这些节点力的作用下应处于平衡，因此在 x 和 y 方向上节点力之和应等于 0，即

在 x 方向：$\qquad\qquad K_{11} + K_{31} + K_{51} = 0 \tag{4.51a}$

在 y 方向：$\qquad\qquad K_{21} + K_{41} + K_{61} = 0 \tag{4.51b}$

对于单元刚度矩阵中其他列的元素也可用同样的方法得到它们的物理解释。因此单元刚度矩阵中任一元素 K_{ij} 的物理意义为：当单元的第 j 个节点位移为单位位移而其他节点位移为 0 时，需在单元第 i 个节点位移方向上施加的节点力的大小。单元刚度大，则使节点产生单位位移所需施加的节点力就越大。因此单元刚度矩阵中的每个元素反映了单元刚度的大小。

单元刚度矩阵的特性可以归纳如下：

1）对称性：对称性可由式（4.46）表明。其实，不仅三节点三角形单元，而且各种形式的单元都普遍具有这种对称性质。

2）奇异性：当 $a_1=1$，其他节点位移都为 0 时，考虑单元在节点力作用下，x 方向和 y 方向应处于平衡，从而得到刚度系数的关系式（4.51）。类似地，当 $a_j=1$（$j=2$，3，…，6），其他节点位移都为 0 时，可以得到相应的关系式。如再考虑到刚度矩阵的对称性，则对刚度矩阵的每一列（行）元素应有

$$\left.\begin{aligned} K_{1j}+K_{3j}+K_{5j}=K_{j1}+K_{j3}+K_{j5}=0\\ K_{2j}+K_{4j}+K_{6j}=K_{j2}+K_{j4}+K_{j6}=0 \end{aligned}\right\} \tag{4.52}$$

其中，$j=1$，2，…，6

如考虑单元在节点力作用下在转动方向也应处于平衡，还可以得到刚度系数之间的另一关系式。只是此关系式与单元形状有关，随单元形状的变化而不同。由上述刚度系数之间的关系式可以看出，三节点三角形单元 6×6 阶的刚度矩阵只有 3 行（列）是独立的。因而矩阵是奇异的，亦即它的系数行列式 $|\boldsymbol{K}^e|=0$。在此情况下，虽然在任意给定位移条件下，可以用式（4.49）计算出作用于单元的节点力，并且他们是满足平衡条件的；反之，如果给定节点荷载，即使他们满足平衡，却不能由该方程确定单元节点位移 $\boldsymbol{a}^e$。这是因为单元还可以有任意的刚体位移。

对角线上的单元恒为正，即

$$\boldsymbol{K}_{ii}>0 \tag{4.53}$$

对于分块矩阵 $\boldsymbol{K}_{rs}$，当 $r=s=i$，j，m 时，它的对角元素 K_1，K_4 即为主元，由式（4.44）和式（4.45）可见它们是恒正的。

$\boldsymbol{K}_{ii}$ 恒正的物理意义是要使节点位移 $a_i=1$，施加在 a_i 方向的节点力必须与位移 a_i 同向。这是结构处于稳定的必然要求。

由式（4.37）可以得到单元等效节点荷载是

$$\left.\begin{aligned} \boldsymbol{P}^e &= \boldsymbol{P}_f^e + \boldsymbol{P}_S^e\\ \boldsymbol{P}_f^e &= \int_{\Omega^e} \boldsymbol{N}^\mathrm{T}\boldsymbol{f}t\,\mathrm{d}x\,\mathrm{d}y\\ \boldsymbol{P}_S^e &= \int_{S_\sigma^e} \boldsymbol{N}^\mathrm{T}\boldsymbol{T}t\,\mathrm{d}S \end{aligned}\right\} \tag{4.54}$$

常见的几种荷载的计算方式如下：

1）均质等厚单元的自重。单元的单位体积重量为 ρg，坐标方向如图 4.6 所示。

由式（4.37）可得

$$\left.\begin{aligned} \boldsymbol{f} &= \begin{pmatrix} 0\\ -\rho g \end{pmatrix}\\ \boldsymbol{P}_\rho^e &= \begin{pmatrix} \boldsymbol{P}_i\\ \boldsymbol{P}_j\\ \boldsymbol{P}_m \end{pmatrix}_\rho = \int_{\Omega_e} \begin{bmatrix} \boldsymbol{N}_i\\ \boldsymbol{N}_j\\ \boldsymbol{N}_m \end{bmatrix}\begin{pmatrix} 0\\ -\rho g \end{pmatrix}t\,\mathrm{d}x\,\mathrm{d}y \end{aligned}\right\}$$

$$(4.55)$$

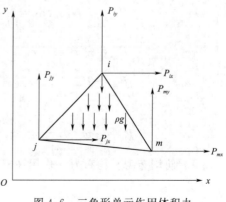

图 4.6　三角形单元作用体积力

其中，每个节点的等效节点载荷是

$$\boldsymbol{P}_{ip} = \begin{pmatrix} P_{ix} \\ p_{iy} \end{pmatrix}_{\rho} = \int_{\Omega_e} \begin{bmatrix} N_i & 0 \\ 0 & N_i \end{bmatrix} \begin{pmatrix} 0 \\ -\rho g \end{pmatrix} t\, dx\, dy$$

$$= \begin{pmatrix} 0 \\ -\int_{\Omega_e} N_i \rho t\, dx\, dy \end{pmatrix} = \begin{pmatrix} 0 \\ -\frac{1}{3}\rho g t A \end{pmatrix} \quad (i,j,m) \tag{4.56}$$

自重的等效节点载荷是

$$\boldsymbol{P}_{\rho} = -\frac{1}{3}\rho g t A \begin{bmatrix} 0 & 1 & 0 & 1 & 0 & 1 \end{bmatrix}^{\mathrm{T}} \tag{4.57}$$

2) 均布侧压。侧压 q 作用在 ij 边，q 以压为正，如图 4.7 所示。设 ij 边长为 l，与 x 轴的夹角为 α。

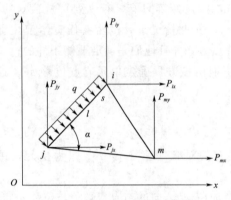

图 4.7 单元边上作用均布侧压

侧压 q 在 x 和 y 方向上的分量 q_x 和 q_y 为

$$\left. \begin{aligned} q_x &= q\sin\alpha = \frac{q}{l}(y_i - y_j) \\ q_y &= -q\cos\alpha = \frac{q}{l}(x_j - x_i) \end{aligned} \right\} \tag{4.58}$$

作用在单元边界上的面积力为

$$\boldsymbol{T} = \begin{bmatrix} q_x \\ q_y \end{bmatrix} = \frac{q}{l} \begin{bmatrix} y_i - y_j \\ x_j - x_i \end{bmatrix} \tag{4.59}$$

在单元边界上可取局部坐标系如图 4.8 所示，沿 ij 边插值函数可写作

$$N_i = 1 - \frac{s}{l}, \quad N_j = \frac{s}{l}, \quad N_m = 0 \tag{4.60}$$

将式 (4.59) 和式 (4.60) 代入式 (4.37) 中，可得侧压作用下的单元等效节点载荷：

$$\left. \begin{aligned} P_{ix} &= \int_t N_i q_x t\, ds = \int_l (1 - \frac{s}{l}) q_x t\, ds = \frac{t}{2} q(y_i - y_j) \\ P_{iy} &= \frac{t}{2} q(x_j - x_i) \\ P_{jx} &= \int_t N_j q_x t\, ds = \int_l \frac{s}{l} q_x t\, ds = \frac{t}{2} q(y_i - y_j) \\ P_{jy} &= \frac{t}{2} q(x_j - x_i) \\ P_{mx} &= P_{my} = 0 \end{aligned} \right\} \tag{4.61}$$

因此

$$\boldsymbol{P}_q = \frac{1}{2} q t \begin{bmatrix} y_i - y_j & x_j - x_i & y_i - y_j & x_j - x_i & 0 & 0 \end{bmatrix}^{\mathrm{T}} \tag{4.62}$$

3) x 向均布力。均布力 q 作用在 ij 边，如图 4.8 所示。这时边界上面积力为

$$\boldsymbol{T} = \begin{bmatrix} q \\ 0 \end{bmatrix} \tag{4.63}$$

单元等效节点载荷为

$$P^e = \frac{1}{2}qlt \begin{bmatrix} 1 & 0 & 1 & 0 & 0 & 0 \end{bmatrix}^T \tag{4.64}$$

4) x 方向三角形分布载荷。载荷作用在 ij 边，如图 4.9 所示。这时边界上面积力写作局部坐标 s 的函数，即

$$T = \begin{pmatrix} (1-\frac{s}{l})q \\ 0 \end{pmatrix} \tag{4.65}$$

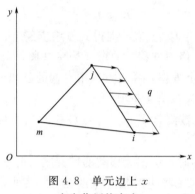

图 4.8 单元边上 x
方向作用均布力

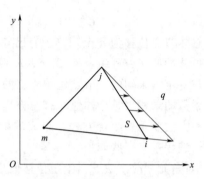

图 4.9 单元边上 x 方向
作用三角形分布荷载

则单元等效节点载荷为

$$P^e = \frac{1}{2}qlt \begin{bmatrix} \frac{2}{3} & 0 & \frac{1}{3} & 0 & 0 & 0 \end{bmatrix}^T \tag{4.66}$$

5) 引入位移边界条件。最小位能变分原理是具有附加条件的变分原理，它要求常函数 u 满足几何方程和位移边界条件。现在离散模型的近似场函数在单元内部满足几何方程，因此由离散模型近似的连续体内几何方程也是满足的。但是在选择场函数和试探函数（多项式）时却没有提出在边界上满足位移边界条件的要求，因此必须将这个条件引入有限元方程，使之得到满足。

在有限单元法中通常几何边界条件（变分问题中就是强制边界条件）的形式是在若干个节点上给定场函数的值，即

$$a_j = \overline{a_j} \quad (j=c_1,c_2,\cdots,c_l) \tag{4.67}$$

$\overline{a_j}$ 可以是零值或非零值。

在求解位移场的问题时，至少要提出足以约束系统刚体位移的几何边界条件，以消除结构刚度矩阵的奇异性。

可以采用以下方法引入强制边界条件：

1) 直接代入法：在式（4.42）中将已知节点位移的自由度消去，得到一组修正方程，用以求解其他待定的节点位移。其原理是按节点位移已知和待定重新组合方程：

$$\begin{bmatrix} K_{aa} & K_{ab} \\ K_{ba} & K_{bb} \end{bmatrix} \begin{pmatrix} a_a \\ a_b \end{pmatrix} = \begin{pmatrix} P_a \\ P_b \end{pmatrix} \tag{4.68}$$

其中，a_a 为待定节点位移，a_b 为已知节点位移，$a_b^{\mathrm{T}}=\begin{bmatrix}\bar{a}_{c1} & \bar{a}_{c2} & \cdots & \bar{a}_{cl}\end{bmatrix}$；而且 K_{aa}，K_{ab}，K_{ba}，K_{bb}，P_a，P_b 等为与其相应的刚度矩阵和载荷阵列的分块矩阵。由刚度矩阵的对称性可知 $K_{ba}=K_{ab}^{\mathrm{T}}$。

由式（4.68）可得

$$K_{aa}a_a+K_{ab}a_b=P_a \tag{4.69}$$

由于 a_b 为已知，最后的求解方程可写为

$$K^*a^*=P^* \tag{4.70}$$

其中
$$K^*=K_{aa}, \quad a^*=a_a, \quad P^*=P_a-K_{ab}a_b \tag{4.71}$$

若总体节点位移为 n 个，其中有已知节点的位移 m 个，则得到一组求解 $n\times m$ 个待定节点位移的修正方程组，K^* 为 $n\times m$ 阶方阵。修正方程组的意义是在原来 n 个方程中，只保留与待定（未知的）节点位移相应的 $n\times m$ 个方程，并将方程中左端的已知位移和相应刚度系数的乘积（是已知值）移至方程右端作为载荷修正项。

这种方法要重新组合方程，组成的新方程阶数降低了，但节点位移的顺序性已被破坏，这给编程带来一些麻烦。

2）对角元素改 1 法。当给定位移值是零位移时，例如无移动的铰支座、链杆支座等，可以在系数矩阵 K 中与零节点位移相对应的行列中将主对角元素改为 1，其他元素改为 0；在载荷列阵中将与零节点位移相对应的元素改为 0 即可。用这种方法引入强制边界条件比较简单，不改变原来方程的阶数和节点未知量的顺序编号。但这种方法只能用于给定零位移，以下介绍对角元素乘大数法。

当有节点位移为给定值 $a_j=\overline{a_j}$ 时，第 j 个方程作如下修改：对角元素 K_{jj} 乘以大数 α（α 可取 10^{10} 左右量级），并用 $\alpha K_{jj}\overline{a_j}$ 取代 P_j，即

$$\begin{bmatrix} K_{11} & K_{12} & \cdots & \cdots & \cdots & K_{1n} \\ K_{21} & K_{22} & \cdots & \cdots & \cdots & K_{2n} \\ \vdots & \vdots & \ddots & \ddots & \ddots & \vdots \\ K_{j1} & K_{j2} & \cdots & \alpha K_{jj} & \cdots & K_{jn} \\ \vdots & \vdots & \ddots & \ddots & \ddots & \vdots \\ K_{n1} & K_{n2} & \cdots & \cdots & \cdots & K_{nn} \end{bmatrix} \begin{bmatrix} a_1 \\ a_2 \\ \vdots \\ a_j \\ \vdots \\ a_n \end{bmatrix} = \begin{bmatrix} p_1 \\ p_2 \\ \vdots \\ \alpha K_{jj}\overline{a_j} \\ \vdots \\ p_n \end{bmatrix} \tag{4.72}$$

经过修改后的第 j 个方程为

$$K_{j1}a_1+K_{j2}a_2+\cdots+\alpha K_{jj}a_j+\cdots+k_{jn}a_n=\alpha K_{jj}\overline{a_j} \tag{4.73}$$

由于 $\alpha K_{jj}\gg K_{ji}$（$i\neq j$），方程左端的 αK_{jj} 项较其他项要大得多，因此近似得到 $\alpha K_{jj}a_j\approx\alpha K_{jj}\overline{a_j}$。

则有

$$a_j=\overline{a_j} \tag{4.74}$$

对于多个给定位移（$j=c_1,c_2,\cdots,c_l$）时，则按序将每个给定位移都作上述修正，得到全部进行修正后的 K 和 P，然后解方程即可得到包括给定位移在内的全部节点位移值。

4.2.2.3 非线性有限单元法

1. 结构非线性分析的基本概念

固体力学问题中的所有现象都是非线性的，然而，对于许多工程问题，近似地用线性理论处理可使计算简单、切实可行，并符合工程的精度要求。但是许多问题的荷载与位移为非线性关系，结构的刚度是变化的，用线性理论就完全不合适，必须用非线性理论解决。

结构非线性问题可分为三大类：①几何非线性问题，如大应变、大位移、应力刚化及旋转软化等；②材料非线性问题，如塑性、超弹、蠕变及其他材料非线性等；③状态非线性问题，如接触、单元生死及特殊单元等。

通常结构非线性不是单纯某类问题，如可能同时考虑几何和材料非线性问题，称为双重非线性问题，甚至要考虑上述三类非线性并存的情况。

2. 非线性问题分析的基本步骤与过程

尽管非线性分析较线性分析复杂，但基本步骤相同，只是在线性分析的基础上，增加一些必要的非线性特性。结构非线性分析的基本步骤包括：创建模型、设置求解控制参数、加载求解以及查看结果。

（1）创建模型。有些情况下，非线性有限元模型的建立与线性静力分析相同，但是当存在特殊的单元或非线性材料性质时，需要考虑特殊的非线性特性，如果模型中包含大应变效应，应力-应变数据必须依据真实应力和真实应变表示。

（2）设置求解控制参数。线性静力分析一般不需要设置求解控制参数，但在非线性分析中其设置却非常重要。一般地，非线性分析时需要设置以下内容：①设置分析类型和分析选项；②设置时间和时间步；③设置输出控制；④设置求解器选项；⑤设置重启动控制；⑥设置帮助收敛选项；⑦设置弧长法和中止求解；⑧定义 NR 法选项；⑨激活应力刚化效应；⑩设置其他控制参数。

（3）加载求解。加载求解与线性静力分析步骤相同，但非线性分析中应注意变形前后荷载的方向，并且非线性分析必然存在较多的平衡迭代，其求解时间可能要远大于线性静力分析。

（4）查看结果。采用通用有限元软件 ANSYS 进行结构非线性分析时，非线性分析的结果可采用/POST1 和/POST26 查看。用/POST1 可查看某个时间点的所有结果、生成结果动画等；而在/POST26 中可查看结果随着时间的变化曲线，如荷载-位移曲线、应力-应变曲线等。对于非线性分析的结果，由于叠加原理不成立，故不能使用荷载工况。可使用结果观察器提高后处理速度。

（5）几何非线性分析。几何变形引起结构刚度改变的一类问题都属于几何非线性问题。也就是说，结构的平衡方程必须在未知的变形后的位置上建立，否则就会导致错误的结果。有限元分析中的结构刚度矩阵由总体坐标系下的单元刚度矩阵集成，总体坐标系下的单元刚度矩阵又由单元局部坐标系下的单元刚度矩阵（单刚）转换而来，因此导致结构刚度变化的原因主要有 3 个：①单元形状改变（如面积、厚度等），导致单刚变化；②单元方向改变（如大转动），导致单刚变化；③单元较大的应变使得单元在某个面内具有较大的应力状态，从而显著影响面外的刚度。

几何非线性通常可分为大应变、大位移（亦称大转动或大挠度）和应力刚化。其中大应变包括上述 3 种导致结构刚度变化的因素，即单元形状改变、单元方向改变和应力刚化效应。此时应变不再假定是"小应变"，而是有限应变或"大的"应变。大位移包括上述原因中的后两种，即考虑"大转动"和应力刚化效应，但假定为"小应变"。而应力刚化，当被激活时，程序计算应力刚度矩阵并将其添加到结构刚度矩阵中。应力刚度矩阵仅是应力和几何的函数，因此又称为"几何刚度"。很明显，大应变包括了大位移和应力刚化，而大位移又包括了其自身和应力刚化。大变形一般指包含大应变、大位移和应力刚化，而不会加以区分。

在进行几何非线性分析时应注意以下几点：①单元选择：不是所有的单元都具有几何非线性分析能力，而有些单元具有大位移分析能力，但不具有大应变分析能力等，使用时应充分了解单元的特性；②单元形状：应使单元网格的宽高比适当，并且不出现扭曲的单元网格；③网格密度：网格密度对收敛有较大影响，同时影响到结果的正确性，使用时应进行灵敏度分析；④耦合和约束方程要慎用：自由度耦合和约束方程形成的自由度关系是线性的，不应在出现大变形的位置使用，某些情况下可采用其他方式替代，但在刚体边界或大应变小位移条件下可以使用；⑤荷载与边界条件：应避免单点集中力和单点约束，以及"过约束条件"等；⑥节点结果与单元结果：在大变形分析中，节点坐标系不随变形更新，因此节点结果均以原始节点坐标系列出，但多数单元坐标系跟随单元变形，因此单元应力或应变会随单元坐标系而转动，超弹单元例外；⑦单元形函数附加项：一些单元可通过形函数的附加项设为"不协调"元，为加强收敛可关闭此项。

（6）材料非线性分析。一般地，材料模型可分为线性、特殊材料和非线性三类[73]。而非线性材料模型包括弹性（超弹和多线性弹性）、黏弹性和非弹性，非弹性材料模型中又包括率无关、率相关、非金属、铸铁、形状记忆合金等材料。通常可通过试验得到单轴应力状态下的材料行为，如材料的应力-应变曲线及其典型特征。但当处于复杂应力状态时，就需要将单轴应力状态的概念推广，此时就需要增量理论的基本法则。塑性力学的基本法则为屈服准则、流动法则以及强化准则。

1）屈服准则。屈服准则规定材料开始塑性变形的应力状态，它是应力状态的单值度量（标量），以便与单轴状态比较，常用的屈服准则主要有 Von. Mises 屈服准则和 Hill 屈服准则。

2）流动法则。流动法则定义塑性应变增量的分量和应力分量及应力增量分量之间的关系，它描述屈服时塑性应变的方向。当塑性流动方向与屈服面的外法线方向相同时称为关联流动法则，如金属和其他呈现不可压缩非弹性行为的材料；当塑性流动方向和屈服面法线不同时（剪切角和内摩擦角不同时）称为非关联流动法则，如摩擦材料或 DP 材料。

3）强化准则。在单向应力状态下，如钢的应力-应变曲线有弹性阶段、屈服阶段、强化阶段和破坏阶段等，若在强化阶段卸载并再次加载，其屈服应力会提高。而在复杂应力状态下，就需要用强化准则定义材料进入塑性变形后的屈服面的变化，即在随后加载或卸载时，材料何时再进入屈服状态。

在进行材料非线性分析时应注意以下几点：

　　1）单元类型。材料进入屈服状态后就变得不可压缩，使得收敛十分缓慢或收敛困难，可通过单元选项改善收敛行为。

　　2）网格密度。网格划分时应考虑所采用的单元类型、结构各尺度方向的单元数、塑性铰位置处应具有更密的网格。

　　3）材料属性的输入。首先定义弹性材料属性，然后给出非线性材料属性。大变形塑性分析时，输入的数据为真实应力、对数应变，而小应变塑性分析可用工程应力应变数据。如果所提供的试验数据为工程应力-应变曲线，且进行大应变塑性分析，应在输入之前转换为真实应力、对数应变数据。

　　由于在小应变塑性分析中，真实应力、对数应变和工程应力应变几乎相等，故可不进行转换。

　　4）荷载步与子步。由于塑性问题与荷载历史相关，因此荷载应逐渐施加，即应有较多的荷载步。在每个荷载步中应该保证有较多的子步数，以保证塑性应变的计算精度。

　　5）激活线性搜索。大应变塑性分析有时会出现振荡收敛行为，这时可激活线性搜索，改善收敛。

4.3　水工钢闸门结构有限元分析的内容与流程

　　水工钢闸门结构的静力学分析是有限元分析最为常见的一种类型，闸门结构的静力学分析即为计算在固定不变荷载作用下结构的响应，即闸门构件的位移、应力和应变等。采用有限元软件如 ANSYS 等进行闸门结构静力分析一般包括以下基本步骤：建立计算模型，加载求解和结果评价，如图 4.10 所示。

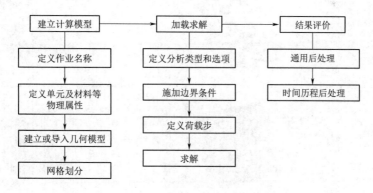

图 4.10　ANSYS 分析过程

4.3.1　CAD/CAE 模型转换

　　有限元模型的建立包括建立几何模型和划分网格，该过程应首先确立所要进行分析的水工钢闸门的工作文件名、工作标题，并根据闸门各构件的性质定义单元类型、单元实常数、材料模型及其参数，然后再建立几何模型和划分网格。另外，也可通过其他三维建模软件（如 Catia、Pro/E 和 UG 等）建立闸门三维设计模型，对其进行 CAD/CAE 模型转换。值得一提的是，CATIA V6 版本即 3DE 平台的仿真环境下集成了 CAE 计算模块和模型前处理模块，设计环境中建立三维模型可直接进入 CAE 模块进行仿真分析，实现 CAD/CAE 的一体化。

4.3.1.1　实体-曲面模型转换

无论是平面钢闸门还是弧形钢闸门，大部分构件都由钢板组合而成。钢板在厚度方向尺寸远远小于其他两个方向的尺寸，若直接将三维设计中的闸门 CAD 模型导入有限元软件中划分成实体网格，如六面体或四面体单元，在保证钢板面外刚度和单元形状雅可比在合理范围内的前提下，将会形成非常庞大的单元数量，对节约计算时间和成本是不利的，甚至当自由度数量过大时出现无法求解的情况。

因此，利用已有的基于实体零件建立的 CAD 模型并进行后续有限元分析即 CAE 模拟时，需将实体模型转换为曲面模型，再划分成四边形或三角形板壳单元进行有限元分析。由于板壳单元为二维面单元，可以模拟中等厚度或薄壳结构，其厚度参数由单元的厚度属性表达。采用壳单元代替实体单元的好处是，大大减少划分的单元数量，可以合理控制单元尺寸并能保证较高的求解精度。

将实体模型转换为曲面模型的关键步骤为抽取中面过程，板壳单元默认以板的中性层为固定高斯积分点分布平面，在不进行中性面人为偏置的情况下，都将原板壳状几何体的中性面作为新的曲面模型。抽取中面过程也可以在专业的有限元前处理软件 Hypermesh 中完成。其效果见表 4.1。

表 4.1　　　　　　　　　　　　几何体与抽取中面划分网格的比较

类别	实体	曲面
几何模型		
有限元网格		
属性	六面体网格（节点数为 17557）	四边形网格（节点数为 1387）

从以上几何体转换结果来看，实体模型经抽取中面转换为曲面模型后，由六面体网格组成的实体模型的节点数是四边形壳单元划分的二维曲面模型的 12.6 倍。

若 CAD 模型是基于曲面特征建立的，便可以跳过这一转换过程，直接进行连接关系处理。

4.3.1.2　连接关系处理

钢闸门结构多为焊接构件或通过螺栓进行零件装配，组成的钢板之间通过不同焊缝和螺栓连接，建立的几何模型中各零件体之间的拓扑关系（图 4.11）应与实际连接工艺一致。实现连接的方法有两种：第一种是将几何模型进行布尔操作，实现几何元素之间的拓扑连接关系；另一种方法是对有限元模型进行自由度耦合或采用现成的连接单元。可以自主选择在有限元模型中或在几何模型中建立连接，可以模拟螺栓、点焊、焊缝和胶粘等连接类型。对处理后的模型划分网格并分配单元属性。

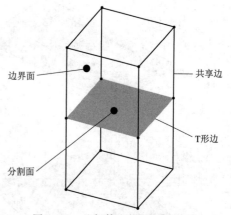

图 4.11 几何体之间的拓扑关系

　　两个独立的面之间存在相同边界时，若建立连续焊缝关系，可以对公共边界进行合并，使之共享相同的边界，然后划分网格，共享边界上只生成一排公共节点，或在几何面的边界上生成焊缝单元；若模拟点焊可依托空间某定点建立连接，依托孔的圆心及空间某定点可建立两块板之间的螺栓连接。

　　在两个独立的体之间存在相同边界时，建议先进行拓扑合并的操作，使之共享相同的边界面，然后再抽取中面，这时抽取的两块中面在原几何体连接处自动延伸相交，建立连接关系，节省了后续大量的几何修补工作（图 4.12 和图 4.13）。

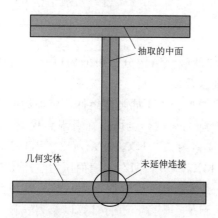

图 4.12　几何体未合并抽中面

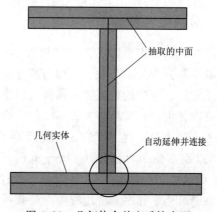

图 4.13　几何体合并之后抽中面

　　钢闸门结构中常存在两块表面平行的钢板贴合，之间用周边角焊缝连接［图 4.14（a）］，当两块平行板表面尺寸相差较大，尺寸小的贴板仅对被贴板局部刚度加强，分别抽取中面时，两中面之间存在一定间隙，连接关系处理变得困难。如果先对两几何体进行拓扑关系合并后再抽取中面，程序自动识别尺寸较小的贴板，并将轮廓投影到被贴板的中面上。投影部分在划分完网格后分配单元厚度属性时将两钢板厚度叠加即可，虽然对局部做了一定简化，但对整体计算精度影响有限。但当两块板尺寸相差不大，或不允许中面投影合并时，建立连接关系则需通过采用连接单元或在有限元模型中进行节点自由度耦合。

　　总之，几何实体转换为曲面的最终目的是划分成 2D 面单元网格，曲面模型是在原结

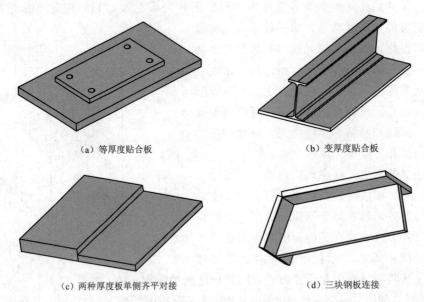

(a) 等厚度贴合板   (b) 变厚度贴合板

(c) 两种厚度板单侧齐平对接   (d) 三块钢板连接

图 4.14 钢闸门几种特殊构造情形

构体型上做的简化处理,处理的原则是尽量反映闸门结构构造特征和力学特性,在计算代价和精度之间寻求平衡。

4.3.2 边界条件施加

工程中结构的主要边界条件是指外部约束和荷载,结构分析中的约束一般为位移约束,荷载主要分为集中荷载、表面荷载、体荷载以及惯性力。

为了方便、准确地定义边界条件,可事先将模型分为不同类型组件,施加约束或荷载时直接选取。可以在实体(关键点、线、面)上施加荷载,也可以在有限元模型(节点、单元)上施加荷载。在 ANSYS 中荷载类型有位移约束(UX,UY,UZ,ROTX,RO-TY,ROTZ)、集中力和力矩(FX,FY,FZ,MX,MY,MZ)、表面压力(PRES)、温度荷载(TENP)、能量荷载(PLUE)、惯性荷载(重力、旋转惯性力)等。施加荷载的方式:在 ANSYS 程序分析过程中,荷载可以被施加、删除、进行计算以及列表显示。对于所有的荷载操作,既可以通过命令或 GUI 的方式进行,也可以通过定义参数数组表格的方式进行。

闸门常受水压和泥沙压力作用,这些荷载主要为分布面荷载,对于表孔闸门为三角形或梯形分布,对于深孔闸门可简化为均布面荷载。当有多个荷载步时,可将每个荷载步存入文件。平面闸门和弧形闸门有限元模型及施加边界条件如图 4.15 所示。

4.3.3 求解及后处理

求解之间需要确定分析类型,例如静力分析、模态分析、动力响应分析等等,对于特殊物理问题还需要定义其他可用的分析类型。定义分析类型后,需要设置求解控制选项,包括求解器选择、迭代次数、非线性控制等,这些选项对获得满意结果有极大的帮助。

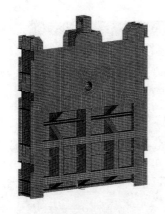

（a）平面闸门有限元模型

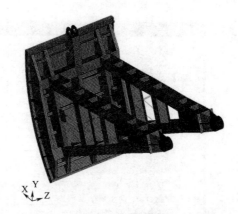

（b）弧形闸门有限元模型

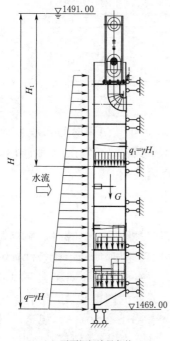

（c）平面闸门边界条件

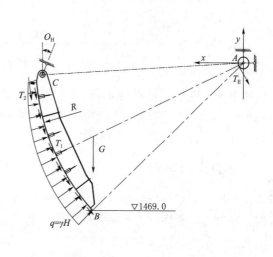

（d）弧形闸门边界条件

图 4.15　钢闸门计算模型及边界条件

H—闸门承受总水头；H_1—有效利用水柱；G—闸门自重和配重；

T_1—弧门侧水封摩阻力；T_2—转角水封摩阻力；T_E—支铰摩阻力；

R—弧面半径；γ—水的容重；O_H—启闭力与竖向平面夹角

ANSYS 求解控制界面如图 4.16 所示，该软件程序中有几种解联立方程系统的方法：稀疏矩阵直接解法、直接解法、雅可比共轭梯度法（JCG）、不完全乔类斯基共轭梯度法（ICCG）、预条件共轭梯度法（PCG）、自动迭代法（ITER）。

在闸门结构静力分析中，其计算结果将被写入到结果文件 Jobname. RST 中，一般结果文件中包含了以下数据：基本数据，即节点位移信息；导出数据，包括节点和单元应力、节点和单元应变、单元集中力以及节点支反力等。

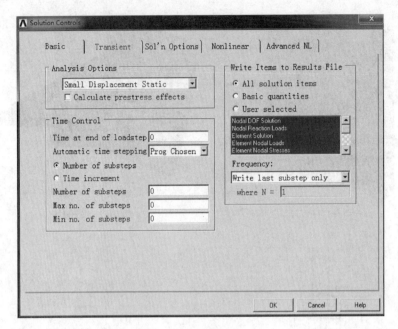

图 4.16　求解控制界面

在结果的检查中，可以使用通用后处理器 POST1，也可以使用时间历程后处理器 POST26。POST1 后处理器可以检查整个模型在指定时间步下的计算结果，而 POST26 后处理器可以检查模型上某个节点或单元在整个时间历程内的响应。

4.3.4　静力评判准则

闸门各构件需要进行强度、刚度和稳定性校核。对闸门进行强度验算时，应首先确定材料的允许应力，允许应力和钢材的厚度有关，还与闸门的重要程度和运行条件有关，依据《水电工程钢闸门设计规范》（NB 35055—2015）确定。根据规范，对于大、中型工程的工作闸门和重要事故闸门，容许应力应乘以 [0.90，0.95] 的调整系数，结合该闸门的实际情况取 0.95。此外《水利水电工程金属结构报废标准》（SL 226—98）规定，材料的容许应力应按使用年限进行修正，修正系数为 [0.90，0.95]，新建闸门可不考虑此系数。

1. 强度验算

闸门的门叶结构，包括面板、梁格和连接系均处于多向应力状态。根据第四强度理论，用等效应力 σ_ε 判断闸门是否满足强度条件。

$$\sigma_\varepsilon = \sqrt{\frac{1}{2}\left[(\sigma_1-\sigma_2)^2+(\sigma_2-\sigma_3)^2+(\sigma_1-\sigma_3)^2\right]} \tag{4.75}$$

式中：σ_ε 为等效应力，MPa；σ_1，σ_2，σ_3 分别为第一主应力、第二主应力和第三主应力。

当 $\sigma_\varepsilon \leqslant [\sigma_0]$（$[\sigma_0]$ 为强度设计允许值）时满足强度要求。考虑到面板本身在局部弯曲的同时还随主（次）横梁受整体弯曲的作用，故还应对面板校核折算应力 σ_ε，公式为

$$\sigma_\varepsilon \leqslant 1.1\alpha[\sigma]_t \tag{4.76}$$

式中：α 为弹塑性调整系数；$[\sigma]_t$ 为调整后的容许应力。

《水电工程钢闸门设计规范》（NB 35055—2015）中规定，当 $b/a>3$，α 取 1.4；$b/a \leqslant 3$，α 取 1.5，a，b 为面板计算区格（即面板上纵梁和横梁围成的小块部分）短边和长边的长度（m），从面板与主（次）横梁的焊缝算起。根据几何模型可知 $b/a=3.5$，故取 α 为 1.4。闸门承重构件和连接件应校核正应力 σ 和剪应力 τ，校核公式为

$$\left.\begin{array}{l} \sigma \leqslant [\sigma]_t \\ \tau \leqslant [\tau]_t \end{array}\right\} \tag{4.77}$$

式中：$[\tau]_t$ 为调整后的容许应力。

对于有限元模型中的局部峰值应力，在排除计算模型的网格划分问题后，按结构受力特性，划分为局部承压应力和构造应力集中。局部承压应力可按《水电工程钢闸门设计规范》（NB 35055—2015）中的局部承压允许应力复核。对于构造应力集中引起的峰值应力，根据圣维南原理，应力集中区域大小和衰减范围有限，建议将其应力集中半径乘以峰值应力的大小作为应力集中强度，应力集中半径即按超过允许应力的区域量取，用应力集中强度来衡量应力集中的影响，并可进行弹塑性分析校核塑性区发展范围。对于承受动荷载的闸门，应通过局部构造修改和加强措施。

2. 刚度验算

根据《水电工程钢闸门设计规范》（NB 35055—2015）的规定，对于露顶式工作闸门，其主横梁的最大挠度与计算跨度的比值不应超过 1/600。

3. 稳定性验算

闸门的稳定主要取决于支臂的稳定。采用偏心受压柱的整体稳定公式进行安全校核，即

$$\frac{N}{\varphi_x A} + \frac{\beta_{mx} M_x}{\gamma_x W_{1x}\left(1-\varphi_x \dfrac{N}{N'_{Ex}}\right)} \leqslant f \tag{4.78}$$

式中：N'_{Ex} 为考虑抗力分项系数的欧拉临界力；N 为构件的轴心压力；M_x 为构件的最大弯矩；φ_x 为弯矩作用平面内的轴心受压构件的稳定系数；W_{1x} 为弯矩作用平面内受压最大纤维的毛截面抵抗距；β_{mx} 为等效弯矩系数；γ_x 为截面塑性发展系数；A 为受压构件的横截面面积；f 为强度设计值。

第5章 钢闸门数字化设计工程应用

5.1 表孔平面检修闸门

平面钢闸门是一种在输泄水建筑物中最常用的门型，相比其他型式的闸门具有结构简单、重量轻，制造、安装、运输、后期维修比较简便，易于配合主体建筑布置等特点。表孔平面检修闸门是常用的一种门型布置，主要为了下游工作闸门和流道检修而设置，在表孔溢洪道工作闸门的上游侧宜设置检修闸门，必要时也可设置事故闸门，当水库水位有足够连续时间低于闸门底槛，并能满足检修要求时，可不设检修闸门，但应考虑电站梯级开发对水库水位变动的影响。检修门的运行方式是静水启门，静水闭门。即当工作门闭门挡水时，流道进口检修门落门挡水，工作门便可打开，排空两道门之间的水进行检修；当工作门和下游流道检修完成后，工作门闭门，通过节间充水、门体充水阀装置或旁通阀向两道门之间区域充水，当检修门前后平压达到允许压差后方可启门。

5.1.1 工程概述

某水电站工程设 3 孔开敞式溢洪道（图 5.1），布置在左岸，紧邻挡水坝，主要由引渠段、堰闸段、泄槽段、鼻坎段及出口段组成，堰闸段闸顶高程为 416.00m，堰顶高程为 393.30m，上游堰头为 3∶1 斜坡接二段圆弧曲线，堰面采用 WES 实用堰型。每孔溢洪道的堰闸段均设一道平板检修门门槽，孔口尺寸为 14m×16.7m（宽×高），检修门由坝顶门机控制启闭。每孔溢洪道检修门下游均设一扇弧形工作门，孔口尺寸为 14m×17m（宽×高），工作门由闸墩顶上的液压启闭机控制启闭。当工作闸门检修时，由检修闸门挡水。

溢洪道检修闸门设置于弧形工作闸门上游，3 孔设置 1 扇检修闸门，底槛高程为 393.30m，设计水头为 16.7m，为防止涌浪，门高加 0.5m 超高。为降低坝顶门机坝上扬高，采用平面滑动叠梁钢闸门，共分 3 节叠梁，3 节叠梁可互换。每节叠梁由 3 小节组成，各小节在工地组焊成一节叠梁。门叶为焊接结构，每小节设 2 个主梁，为变截面"工"字形截面梁，主支承为复合材料滑道，其性能应达到：许用线荷载≥30kN/cm，线荷载≤10kN/cm 时，最大摩擦系数≤0.15。面板及水封布置在上游侧，侧水封采用 P 形水封，底水封及节间止水采用条形水封，顶节叠梁小开度充水平压启门。主支承布置在下游侧，设有反向滑块及侧轮。每节叠梁为双吊点，门叶材料主要为 Q345B。止水橡皮采用 SF6674。

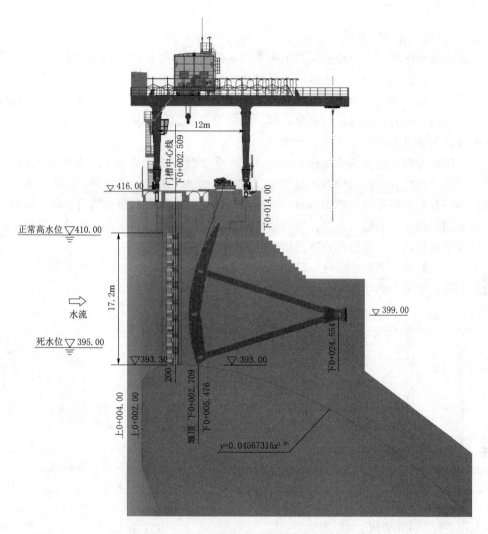

图 5.1 某水电站工程溢洪道布置

闸门平时存放在门库内。

门槽型式为Ⅱ型，门槽主轨、反轨、底槛均为钢板和型钢组成的焊接结构。门槽埋件材料主要为 Q345B，水封止水座板和主轨滑道工作面采用不锈钢，材质为 12Cr18Ni9。

溢洪道检修闸门采用坝顶 3200kN/500kN 双向门机的主起升配合自动抓梁操作。

检修闸门的主要技术如下：孔口宽度为 14m；孔口高度为 16.7m；孔口数量为 3 孔；闸门数量为 1 扇；底槛高程为 393.30m；设计水头为 16.7m；闸门形式为平面焊接钢闸门；支承形式为复合材料滑道；止水形式为上游止水；操作方式为静水启闭；平压方式为节间充水平压；提门允许水位差不大于 1m。操作机械为坝顶 3200kN/500kN 双向门机配合自动抓梁。

5.1.2　闸门三维建模

5.1.2.1　调用"骨架"模板

该溢洪道检修闸门为表孔平面叠梁钢闸门，门槽部分由底槛、主轨、反轨、安装零件组成；门叶部分由门叶结构、主滑块、反滑块、侧轮、水封装置等组成。整体门叶分为 3 个启吊单元，每个启吊单元由三节门叶现场连接为一体。整体门叶骨架取主要定位轴线，如支承中心线、水封中心线、门槽中心线、孔口中心线、启吊单元分段线等，单个启吊单元骨架取自单节分段线和主要定位轴线。

单节门叶为钢板组成的焊接件，采用"工"字形截面双主梁结构，主梁为鱼腹式变截面，单节门叶可拆分成不同构件，由面板、边梁、主梁、次梁、纵隔板，其布置具有一定的规律性，取梁格布置中心作为单节门叶模型的骨架——轴网。利用轴网上的定位点、线及面作为钢闸门零件的输入元素，零件模板依附在轴网骨架上，这种方式的优势在于将复杂的建模过程转化为"搭积木式"的模块化建模过程。

利用三级骨架，即整体门叶-启吊单元-单节门叶（图 5.2）的轴网和参数集可以快速修改平面叠梁钢闸门的结构布置，控制钢闸门的总体尺寸及梁系布局。

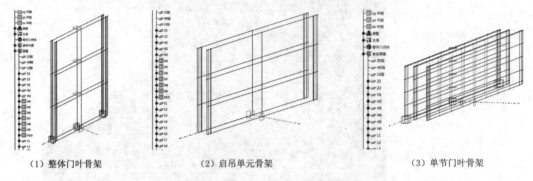

　（1）整体门叶骨架　　　　　　（2）启吊单元骨架　　　　　　（3）单节门叶骨架

图 5.2　溢洪道检修闸门三级骨架

5.1.2.2　单节门叶结构

门叶是平面钢闸门的核心部件，承担着挡水作用，止水、吊耳、轮架、侧轮、锁锭等附属部件通过焊接或者螺栓连接安装在门叶上。

闸门模板的建模方法在 3.2 节已有详细阐述，此处不再重述，仅介绍特征模板的实例化过程。为了满足运输要求并方便安装，平面钢闸门一般分节制造，在现场进行焊接，因此，本节以单节门叶为例对平面钢闸门的建模方法进行阐述，其建模流程如图 5.3 所示。

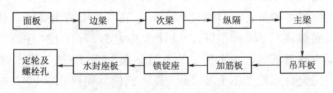

图 5.3　平面钢闸门建模流程图

依次按图 5.3 中的顺序在"插入"菜单下选择"从文档实例化",选择模板,并选择定位参考元素(图 5.4),对以上各梁系构件按轴网骨架进行定位,以保证轴网对各构件的位置驱动。每一个参数化构件模板插入后会生成对应的参数集,将各参数集重命名后,通过二次开发工具"合并参数"将构件之间的同名参数合并,并最终与骨架的整体驱动参数自动关联,实现参数对几何尺寸的驱动。至此,即完成了单节门叶的骨架关联设计,并集合了知识工程的全参数化建模。

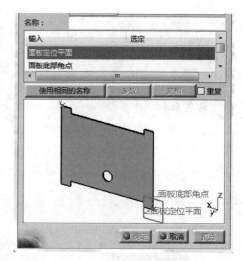

图 5.4　插入构件特征模板

按上述流程和调用模板方法,依次调用边梁、主梁、次梁、纵隔、筋板、支承板、水封安装座板等模板,最终完成单节门叶的搭建,中间过程如图 5.5 所示。

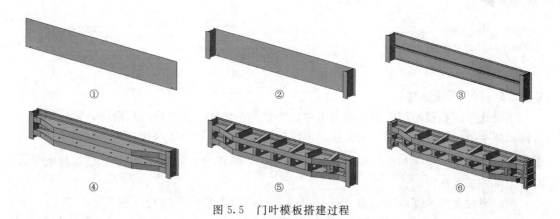

图 5.5　门叶模板搭建过程

本工程闸门 3 个单元可互换,故只需建立一个单元进行多实例化即可完成其他两个单元的创建,每个单元中三节门叶结构不能完全互换,因此不能进行多实例化,但三节闸门梁系布置相同,在第一节闸门的基础上稍做修改,即可轻松完成另外两节门叶模型的创建。

5.1.2.3　水封装置建模

闸门面板及水封布置在上游侧,底水封采用 I 形水封,侧水封采用 P 形水封,水封材料均为 SF6674。各部位水封连接处用转角水封连接形成一个整体,如图 5.6 和图 5.7 所示。

5.1.2.4　门槽三维建模

本工程门槽形式为 II 型门槽,由主轨、反轨、底槛、副轨、二期混凝土和插筋等组成,主轨、反轨、底槛均为钢板和型钢组成的焊接结构(图 5.8),调用已有埋件零件资源库,可快速完成门槽模型的创建。

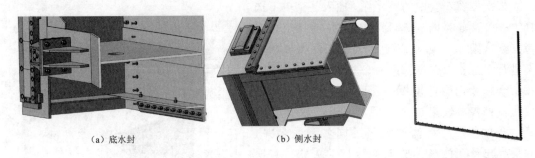

（a）底水封   （b）侧水封

图 5.6 底水封及侧水封布置   图 5.7 闸门水封整体模型

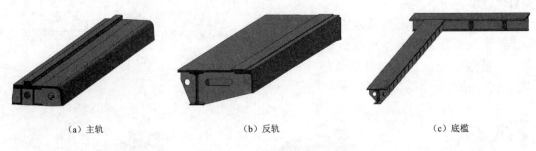

（a）主轨   （b）反轨   （c）底槛

图 5.8 门槽部件模型

5.1.2.5 闸门其他附件

该表孔平面检修闸门的附件相对简单，主要包括侧轮、主滑块、反滑块，可以根据厂家的系列手册搭建系列化的装配模板，再将附件规格通过设计表与模型关联，从而进行模型的驱动与选型，通过相合约束 ⚙、接触约束 🔧、偏移约束 ⚙、角度约束 📐 等约束方式将各个零件装配在一起。

闸门附件采用装配约束的方式进行组装，对闸门主滑块及侧轮（图 5.9）、反滑块及水封装置（图 5.10）等进行分别组装，值得注意的是，侧轮、主滑块、反滑块等附件，可采用装配阵列的方式，一次性完成多实例化和装配定位。具有左右或上、下游对称特性的结构装配，可采用镜像装配工具，生成对称的实例化结构，镜像元素与原型关联，可保证原型结构修改时联动。

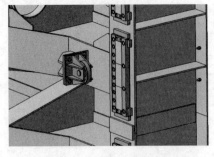

图 5.9 主滑块及侧轮的装配   图 5.10 反滑块及水封的安装

5.1.2.6 总图装配

各节门叶及附件完成后即可进行门叶的总装配，各节门槽埋件完成后即可进行门槽的总装配。

如图5.11所示，闸门门叶装配与附件装配类似，通过引用模板库中的三级模板，并选取合适的约束将各节门叶、支承装置、水封装置等闸门附件进行装配。

闸门门槽装配与门叶装配过程相同，将各节埋件如底槛、主反轨等通过引用模板库中的三级模板，选取合适约束进行装配，结果如图5.12所示，门叶和门槽总装配完成后即可作为平面检修叠梁闸门的二级模板入库。

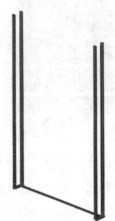

图 5.11 闸门门叶装配　　　　　　图 5.12 闸门门槽装配

5.1.2.7 总布置装配

本工程溢洪道金属结构设备布置需要单独出布置图，因此，需要对该部位模型进行总装。为了反映工程总布置，需进行专业间的协同，由水工专业建立溢洪道坝段体型，溢洪道共分为3孔，将已完成的闸门门叶和门槽装配导入总布置。该溢洪道检修闸门采用坝顶3200kN/500kN双向门机的主起升配合自动抓梁操作，因此，直接调用启闭机资源库中的双向门式启闭机模型（图5.13），安装于坝顶门机轨道面平台，启闭机可双向移动完成吊具与闸门吊耳连接配合。由于设3孔共用1扇闸门，对启闭机和门叶门槽无需再实例化，至此，完成溢洪道金属结构设备布置，如图5.14所示。

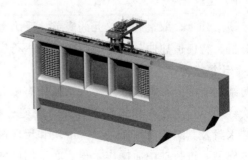

图 5.13 启闭机装配　　　　图 5.14 某工程溢洪道金属结构总布置

通常叠梁检修闸门有两种典型状态，一种是叠放状态，闭门挡水或放入门库；另一种是充水平压状态，即小开度提门节间充水。通过总模型布置可以模拟上述两种状态，如图5.15、图 5.16 所示。

图 5.15　闸门叠放挡水状态　　　　图 5.16　闸门充水平压状态

金属结构总布置装配通过引用二级模板、选取合适的约束将门叶总装、门槽总装和启闭装置进行更高层级装配，完成后即为专业一级模板，作为项目级别模板入库，如图5.17 所示。当重复使用时，只需要根据设计项目需求修改设计参数和骨架，或进行局部修改完成快速建模。

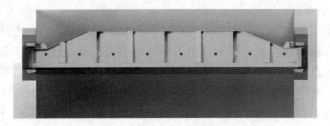

图 5.17　闸门门叶与门槽俯视图

5.1.3　结构有限元计算

为了便于计算，取最底部单元的底节（受力最大节）作为分析对象，在挡水工况下进行静力分析、特征值屈曲分析，对闸门结构进行安全性评价。

5.1.3.1　计算模型

闸门结构有限元计算程序采用大型通用有限元分析软件 ANSYS15.0。

本次针对闸门主要承载构件进行应力应变分析，有限元模拟时对结构做以下简化处理：忽略水封及其螺栓孔和压板，主滑块和反向滑块、侧轮支承等。通过已有三维建模生成的实体模型，进行抽中面操作，得到底节门叶的曲面模型，再划分网格。

模型中闸门的面板、主梁、边梁、纵隔板等采用板壳单元 SHELL181 模拟。采取整体网格划分控制，网格尺寸为 50mm×50mm，模型单元总数为 60344，节点总数为 59768。闸门三维曲面模型见图 5.18，离散后的闸门分析网格见图 5.19。

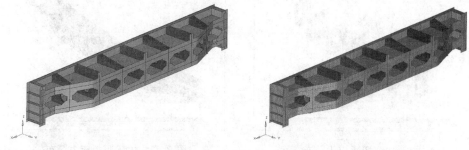

图 5.18　闸门三维曲面模型　　　　　　　图 5.19　闸门有限元模型

建模坐标说明：X 向为垂直水流向，即主梁长度方向，向右岸为正；Y 向为顺水流方向，向下游为正；Z 向为门高方向，向上为正。

约束处理：为防止水平方向刚体位移，闸门对称中心节点施加横向（X 向）位移约束，主滑块贴板处节点施加顺水流方向（Y 向）位移约束，底坎处施加高度方向（Z 向）位移约束。

荷载边界：水压力按封水宽度和高度以及水头大小，以梯形荷载施加于面板，总水头为 20m，上游水压力方向指向下游；重力加速度方向按实际竖直方向施加。

5.1.3.2　静力计算

1. 位移结果

正常挡水过程中在设计水头作用下，经有限元分析，整体闸门总位移分布结果如图 5.20 所示。

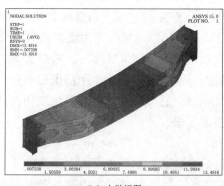
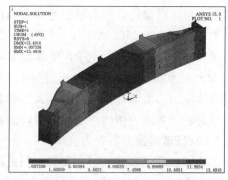

（a）上游视图　　　　　　　　　　　　（b）下游视图

图 5.20　闸门总位移分布

从图 5.20 可知，闸门门叶横梁变形特征与简支梁类似，跨中部位变形较两端大。主梁的最大顺水流向位移（Y 向）为 13.49mm，位于底节主梁跨中，取最大跨中顺流向位移来验算主梁的刚度。主梁挠度小于允许最大挠度（14000/750＝18.67mm），满足要求。

2. 应力结果

应力结果如图 5.21～图 5.23 所示。

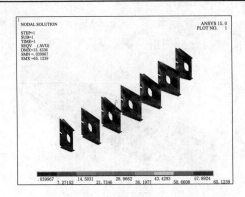

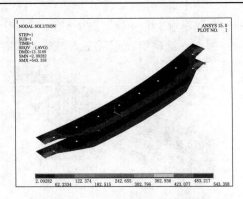

图 5.21　隔板应力分布　　　　　　　　图 5.22　主梁腹板应力分布

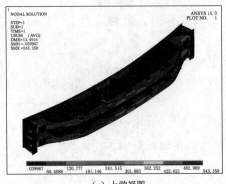

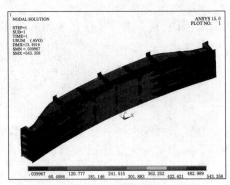

（a）上游视图　　　　　　　　　　　（b）下游视图

图 5.23　闸门整体应力分布

从图 5.21～图 5.23 可以看出，在当前计算工况下，闸门单节门叶主横梁相当于两端简支约束，沿主横梁长度方向承受均布荷载的结构，面板侧受压，后翼缘将出现拉应力。面板最大等效应力为 110.9MPa，主梁最大等效应力为 543.4MPa，主梁腹板端部支承位置附近出现局部应力集中，主梁跨中翼缘最大等效应力为 135.4MPa，纵隔最大等效应力为 65.1MPa，水平次梁最大等效应力为 117.3MPa，由于主梁应力集中范围很小且大部分未超过允许应力，由局部承压引起，其影响非常有限。总体而言，闸门各主要构件计算最大主拉应力、等效应力值均小于允许值，满足强度要求。

5.1.3.3　特征值屈曲分析

采用弹性特征值屈曲分析，得到闸门前四阶屈曲模态，如图 5.24 所示。

由图 5.24 可知，前四阶屈曲模态表现为底节闸门主梁腹板靠近边梁处竖向屈曲，主要为局部屈曲模态，未出现整体屈曲模态；表明闸门主梁腹板靠近边梁处最有可能发生局部失稳，但稳定性安全储备较高，稳定性不是闸门安全的主要控制因素。

5.1.4　工程图创建

5.1.4.1　二维图纸定制

在 Catia 中可以通过专门的工程制图模块定制钢闸门的工程图。工程制图模块生成工程图主要分为详图布局和尺寸标注两部分。详图布局是第一步，通过在三维模型上选取一

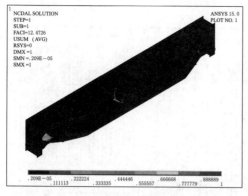

（a）第一阶屈曲模态

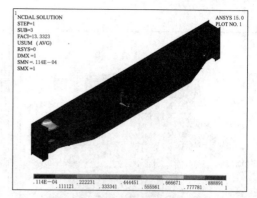

（b）第二阶屈曲模态

（c）第三阶屈曲模态

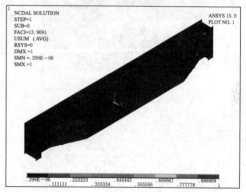

（d）第四阶屈曲模态

图 5.24　闸门屈曲模态

个视图平面作为主平面，再对其投影生成其他视图，可以利用剖切、局部放大等功能得到构件的剖视图和局部放大图。同时根据图幅的大小，合理布置各个视图的位置，为尺寸标注、文字说明以及材料表的生成预留足够的空间。

尺寸标注是工程图的重要组成部分，同时也是工程图绘制中最为烦琐的一个环节。Catia 工程制图模块带有尺寸标注的功能，若构件在草图设计时已经施加了尺寸约束，则可以通过生成尺寸命令自动完成尺寸标注工作，再对局部某些特殊的尺寸进行手动标注，这样就完成了钢闸门工程图模板的定制，下次需要使用时只需要对三维模型的参数进行修改，刷新之后工程图也会随之更新。

金属结构三维布置图无需遵循三视图基本布局，可增加三维视图并配合三维标注完成主要尺寸的空间标注。三维布置图一般沿过流孔中心线剖视，剖切到的全部金属结构设备均应反映在总布置图中，各类启闭机亦应在图中绘出，详见图 5.25。图中要求反映水工建筑物体形，闸门及启闭机在水工建筑物中的设置位置，孔口尺寸，闸门和启闭机的型式、数量；要求标明闸门和启闭机的安装高程、桩号，闸门与启闭机的连接方式，启闭机吊点的上、下极限位置等。门体总装配图即门叶总图中，应列有部件明细表，闸门主要特性表，根据需要列入会签表，并应有技术要求的说明（如结构部件有特殊要求的运输单元尺寸和重量，工厂及现场拼装要求、制造标准、防腐要求等）。门叶和门槽总图包括主视图、俯视图、侧视图、轴测图、必要的剖视图及详图，如图 5.26、图 5.27 所示。

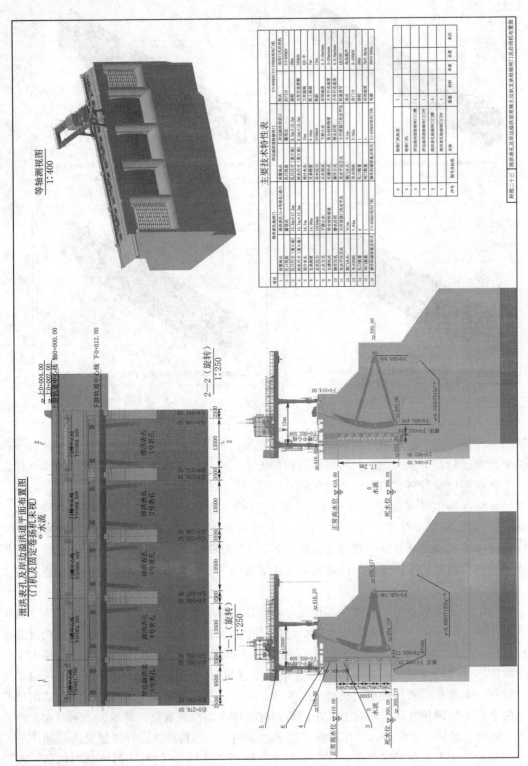

图 5.25　某部位金结设备总布置图

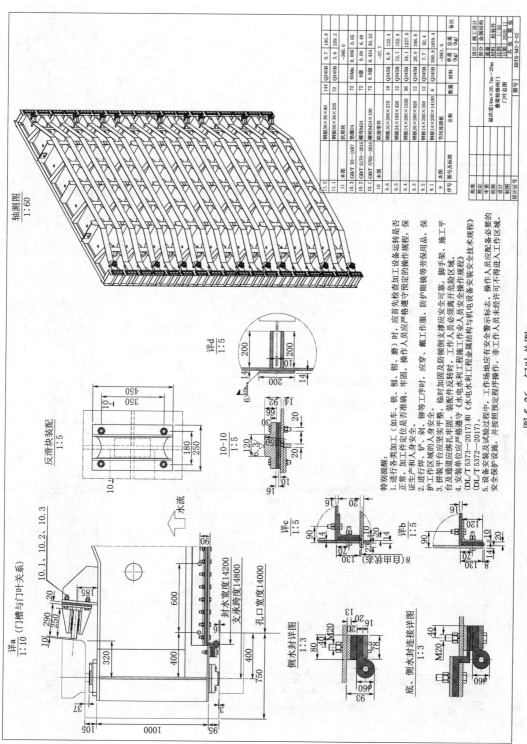

序号	图号及标准	名称	数量	材料	单重(kg)	总重(kg)	备注
11.2		钢板30×36×80	144	Q345B	0.7	100.8	
11.1	本图	钢板50×36×285	72	Q345B	3.6	259.2	
11		抗剪块				-360.0	
10.3	GB/T 93—1987	垫圈24	72	65Mn	0.009	0.65	
10.2	GB/T 6170—2015	螺母M24	72	6级	0.09	6.48	
10.1	GB/T 5782—2016	螺栓M24×100	72	8.8级	0.424	30.53	
10	本图	螺栓连接件				-37.7	
9.6		钢板16×200×270	18	Q345B	6.8	122.4	
9.5		钢板24×160×420	12	Q345B	12.7	152.4	
9.4		钢板14×200×1550	36	Q345B	34.1	1227.6	
9.3		钢板20×200×920	12	Q345B	28.9	346.8	
9.2		钢板14×200×350	12	Q345B	7.7	92.4	
9.1		钢板14×200×14100	6	Q345B	309.9	1859.4	
9	本图	节间连接板				-3801.0	

设计	设计		
施工设计	分部	金属结构	
图别	粗锻件		
材料	见图纸		
比例	见图		
出图日期	2020.1		

溢洪道14m×20.7m—20m
叠梁检修闸门
门叶总图

图号 JBTS-M3-2-02
设计证号

轴测图 1:60

反滑块装配 5:5
450
350
180
250

详d 1:5
200
200
14
200
14

10-10 1:5
120
92
66
60
20
20
16

详c 1:5
16
20
90
14
10
14
(典型) 8
130

详b 1:5
16
90
14
10
120
20
130
14

水流 →

详a 1:10 (门槽与门叶关系)
10.1、10.2、10.3
20
185
290
250

封水宽度14200
支承跨度14800
孔口宽度14000

600
320
400
400
750

1000
105
37
33
95

侧水封详图 1:3
M20
80
40
13
20
16
78
60
93

底、侧水封连接详图 1:3
M20
40
16
10
20
60

图 5.26 门叶总图

特别提醒:
1. 进行各类加工(如车、铣、刨、钻、磨)时,应首先检查加工设备运转是否
正常,加工工作定位是否准确,牢固。操作人员应严格遵守预定的操作规程,保
证生产和人身安全。
2. 进行锯、铲、剁、铆、钳等工序时,应穿、戴工作服,防护眼镜等劳保用品,保
护工作区域的人身安全。
3. 拼装平台应坚实平整。装配件反转时,临时加固及防倾倒支撑应安全可靠。施工平
台及通道应绑扎牢固。装配件反转时,工作人员必须撤离开危险作业区域。
4. 安装单位应执行工程施工合格证书,工作人员作业应遵守《水电水利工程金属结构安装安全技术规程》
(DL/T 5373—2017)和《水利水电工程施工通用安全技术规程》
(DL/T 5372—2017)。
5. 设备安装及试验过程中,工作场地应有安全警示标志。操作人员应配备必要的
安全保护设施,并按照预定程序操作。非工作人员未经许可不得进入工作区域。

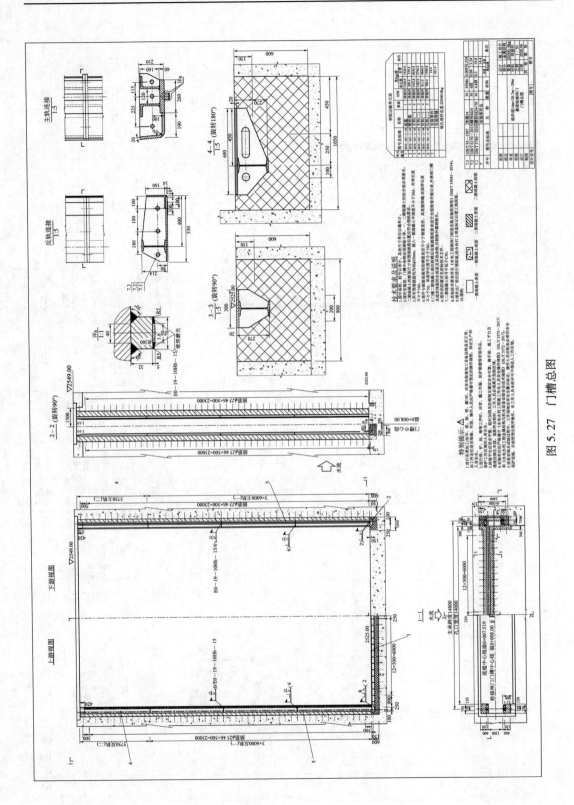

图 5.27　门槽总图

5.1.4.2 材料表的生成

材料表主要有序号、图号及标准、名称、数量、材料、单重、总重、备注等要素。由于序号、图号及标准、名称三者存在任意性，是不可能完全通过程序来自动生成的。材料表统计功能总体上分了 4 个阶段，如图 5.28 所示。件号在工程图与材料表中需要一一对应。件号一般在工程图中通过人工手段在合适的位置选择构件进行标注，通过程序自动标注确定标注的构件与件号标注的位置是不太现实的。程序中件号的顺序主要依据人工的手段来编排，同时编号的顺序记录在三维模型中。件号标注的流程如图 5 - 29 所示。标注的件号及自动材料清单如图 5.30 所示。

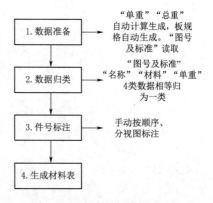

图 5.28　生成材料表开发流程

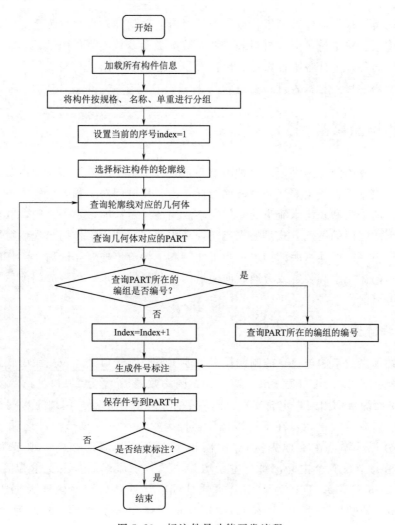

图 5.29　标注件号功能开发流程

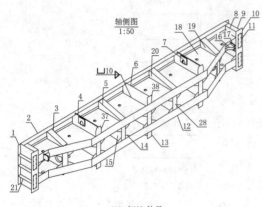

序号	图号及标准	名称	数量	材料	单重	总重	备注
13		−16×300×320	3	Q345B	12.1	36.3	
12		−24×450×14654	2	Q345B	1212.4	2424.8	
11		−13×235×830	4	Q345B	19.6	78.4	
10		−24×450×2400	2	Q345B	203.5	407	
9		−20×962×2400	2	Q345B	362.5	725	
8		−12×240×762	4	Q345B	17.2	68.8	
7		−30×380×450	4	Q345B	31.3	125.2	
6		−14×690×1862	1	Q345B	138.4	138.4	
5		−16×300×1699	2	Q345B	64	128	
4		−30×690×1862	2	Q345B	284.8	569.6	
3		−16×300×1165	2	Q345B	43.9	87.8	
2		−20×237×14780	1	Q345B	549.9	549.9	
1		−14×2400×15200	1	Q345B	3969	3969	

（a）标注件号　　　　　　　　（b）自动材料清单

图 5.30　标注件号及自动材料清单

　　针对结构类（板类零件）图纸，以各板件对应的几何体外形尺寸为名称，统计各零件数量、单件重量、总重量，形成材料表；针对装配类及非板类零件图纸，以零件属性（字符串）为零件名称，统计各零件数量、单件重量、总重量，形成材料表。零件支持后续修改，三维模型修改后，材料表可自动更新。

5.2　潜孔平面事故闸门

　　潜孔平面事故闸门也是常用的一种门型布置，主要为了下游工作闸门运行事故和流道检修而设置，根据工程的重要性和经济性指标，当工作闸门对工程安全较为重要时，宜设置事故闸门，高水头和长泄水流道的闸门在事故门前还可研究设置检修门，双重保证泄洪的安全性。事故闸门的运行方式是静水启门，动水闭门；即当工作门出现运行事故动水过流时，流道进口事故门动水闭门挡水；当工作门和下游流道检修完成后，工作门闭门，通过节间充水、门体充水阀装置或旁通阀向两道门之间区域充水；当事故门前后平压达到允许压差后方可启门。

5.2.1　工程概述

　　某水电站泄洪放空洞进口事故闸门设置于泄洪放空洞进口处，采用岸塔式进水口，分为 2 孔，设闸门 2 扇。孔口宽 6m，高 14m，闸室底槛高程为 2496.00m，设计水头为 48m。采用平面焊接钢闸门，定轮支承。闸门整体启吊，单吊点，门顶充水阀充水。门叶共 5 节，6 个制造运输单元，在工地用螺栓连接为整体（由于顶节门叶运输超限，吊耳与顶节门叶分开运输，在工地焊接）。闸门顶节、底节为箱形结构，顶节为变截面形式，其他 3 节每节设 3 个主梁，每个主梁均为"工"字形截面。主支承为简支式定轮，主轮材料为 ZG35CrMo，直径为 $\phi900$，调质处理，热处理后踏面硬度为 HB270～300，距踏面 6.5mm 处硬度不小于 HB250。主轮轴承为球面滚子轴承，内径为 220mm，外径为 370mm，轴承宽 120mm，基本额定静荷载不小于 2900kN。主轮轴材料为 40Cr，

直径为 ϕ220mm，调质处理。闸门面板及水封布置在上游侧，侧水封采用 P 形水封，底水封及节间止水采用条形水封，水封材料为 SF6674。主支承布置在下游侧，设有反向滑块及侧轮。闸门需加配重块，配重块材料为灰铸铁。门叶材料主要为 Q345C。闸门动水闭门，充水阀充水平压后，静水启门，启门水头不大于 5m。闸门平时锁定在孔口上方。

门槽型式为 II 型。门槽埋件包括主轨、反轨、侧轨、底槛、门楣及锁锭等，主轨材料为铸钢件 ZG35CrMo，调质处理，热处理后踏面硬度为 HB300～330，距踏面 6.5mm 处硬度不小于 HB250。反轨、侧轨、底槛、门楣均为钢板和型钢组成的焊接结构，材料主要为 Q345B，水封止水座板不锈钢材质为 12Cr18Ni9。

该泄洪放空洞事故闸门由布置于孔口顶部排架上的固定卷扬式启闭机操作。

闸门基本参数如下：设置地点为泄洪放空洞进口；孔口性质为潜孔式；孔口尺寸为 6.0m ×14m；底槛高程为 2497.00m；孔口数量为 2 孔；门叶数量为 2 扇；正常蓄水位为 2545.00m；设计水头为 48m；泥沙淤积高度为无（100 年泥沙淤积高程为 2492.80m）；水容重为 1.0t/m³；材料容许应力调整系数为 0.95；闸门形式为平面轮式支承焊接钢闸门；止水形式为上游止水；操作方式为动闭静启；提门允许水压差为不大于 5m；充水平压方式为充水阀充水平压；启闭设备为 3200kN 固定卷扬机。

5.2.2　闸门三维建模

5.2.2.1　调用轴网模板

该泄洪放空洞事故闸门为潜孔平面钢闸门，门槽部分由底槛、门楣、主轨、反轨、锁锭装置组成。门叶部分由门叶结构、支承装置（主轮、侧轮、反向滑块）、水封装置、充水阀装置等组成。单节门叶为钢板组成的焊接件，其面板、边梁、主梁、次梁、纵隔板的布置具有一定的规律性，梁格布置中心作为单节门叶模型的骨架——轴网。将轴网上的定位参考元素作为钢闸门零件的输入元素，同样采用"搭积木式"的模块化建模过程，利用二级骨架，即整体门叶-单节门叶（图 5.31）的轴网和参数集骨架总体控制参数可以快速修改潜孔平面钢闸门的结构布置和总体尺寸。

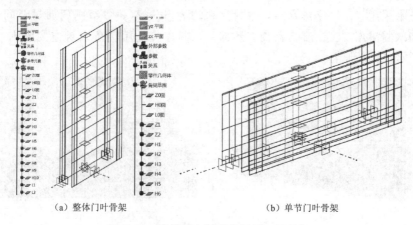

（a）整体门叶骨架　　　　　　　　　　（b）单节门叶骨架

图 5.31　泄洪放空洞事故闸门二级骨架

5.2.2.2　单节门叶结构

　　由于闸门利用水柱，且为了启吊，其他单节门叶，如顶节和底节门叶结构会存在不同的梁系布置，可按照上述操作扩充门叶结构的三级模板，单节门叶模板搭建过程如图 5.32 所示。相同梁系布置的单节门叶结构，例如中间各节，在进行门叶拼装时可直接实例化。

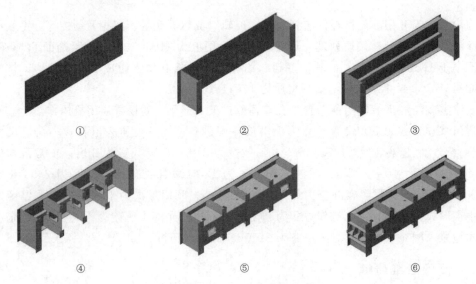

① ② ③

④ ⑤ ⑥

图 5.32　单节门叶模板搭建过程

　　若所有模板已通过资源库目录管理，可通过目录浏览器进入，选择已建立的资源库目录中的模板，点击引用即可。对于能够在门叶结构模板库（三级模板库）中匹配到的结构形式，可直接调用该门叶结构模板，甚至当能够在门叶总图模板库（二级模板库）中匹配到的需要的门叶总图结构形式时，可直接调用门叶总图模板。再根据设计项目需求修改设计参数和骨架，或进行局部修改完成快速建模。

5.2.2.3　水封装置建模

　　闸门面板及水封布置在上游侧，底水封采用 I 形水封，侧水封及顶水封采用 P 形水封，节间止水采用"工"字形水封，水封材料均为 SF6674。各节闸门通过节间橡皮压紧封水，节间水封采用"工"字形截面，各部位水封连接处用转角水封连接形成一个整体，如图 5.33～图 5.35 所示。

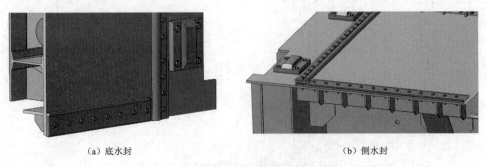

（a）底水封　　　　　　　　　　　　　（b）侧水封

图 5.33　底水封及侧水封

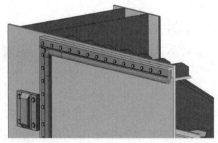
（a）顶水封

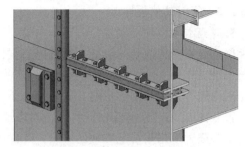
（b）中间水封

图 5.34 顶水封和中间水封

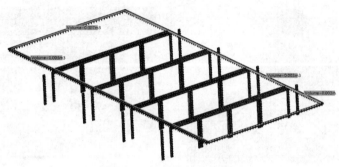

图 5.35 闸门水封整体模型

5.2.2.4 门槽三维建模

本工程门槽形式为Ⅱ型门槽，由主轨、反轨、侧轨、底槛、门楣及锁锭等组成，主轨为铸钢件，反轨、侧轨、底槛、门楣均为钢板和型钢组成的焊接结构（图 5.36～图 5.38），调用已有埋件零件资源库，可快速完成门槽模型创建。

（a）主轨　　　　　　　　　　（b）侧轨　　　　　　　　　　（c）反轨

图 5.36 门槽轨道模型

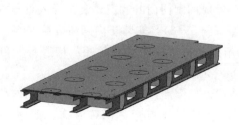

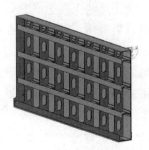

图 5.37 门槽底槛模型　　　　　　　图 5.38 门槽门楣模型

5.2.2.5　闸门其他附件

针对充水阀、锁锭机构、侧轮、主轮、反滑块、拉杆等闸门附件，可以根据厂家的系列手册搭建系列化的装配模板，再将附件规格通过设计表与模型关联，从而进行模型的驱动与选型。

闸门附件采用装配约束的方式进行组装，对闸门充水阀（图 5.39）、水封装置、主侧轮装置（图 5.40）等进行分别组装，同样地，主轮装配、螺栓副、反滑块等具有多实例化的子装配，可采用装配阵列的方式，一次性完成多实例化和装配定位。具有左右或上、下游对称特性的结构装配，可采用镜像装配工具，生成对称的实例化结构。

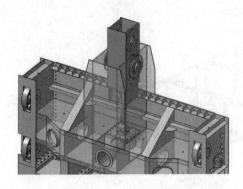　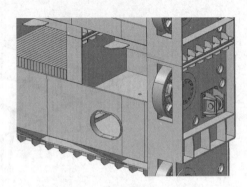

图 5.39　充水阀的装配　　　　　　　　图 5.40　主轮及侧轮安装

5.2.2.6　总图装配

各节门叶及附件完成后即可进行门叶的总装配，各节门槽埋件完成后即可进行门槽的总装配。

如图 5.41 所示，闸门门叶装配与附件装配类似，通过引用模板库中的三级模板，并选取合适的约束将各节门叶、支承装置、水封装置、充水阀件等闸门附件进行装配。

闸门门槽装配与门叶装配过程相同，将各节埋件如底槛、主反轨以及门楣、锁锭装置等通过引用模板库中的三级模板，选取合适约束进行装配，结果如图 5.42 所示，门叶和门槽总装配完成后即可作为二级模板入库。

5.2.2.7　总布置装配

本工程泄洪放空洞进口金属结构设备布置需要单独出布置图，因此，需要对该部位模型进行总装。为了反映工程总布置，需进行专业间的协同，由水工专业建立岸塔式进水口体型和启闭机排架机房，共分为 2 孔，将已完成的闸门门叶和门槽装配导入总布置，并调用启闭机资源库中的固定卷扬式启闭机模型（图 5.43），安装于启闭机安装平台，启闭机吊点中心与闸门吊耳中心相合。由于设两扇闸门，对启闭机和门叶门槽进行实例化，至此，完成泄洪放空洞进口金属结构设备布置，如图 5.44 所示。

通常事故闸门有两种状态：一种是工作状态，即闭门挡水；另一种是非工作状态，事故门锁定在孔口的锁锭梁上。通过总模型布置可以模拟上述两种状态，如图 5.45、图 5.46 所示。

图 5.41 闸门门叶装配

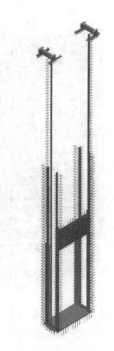

图 5.42 闸门门槽装配

图 5.43 启闭机装配

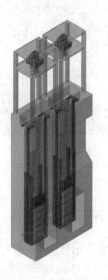

图 5.44 某部位金属结构总布置

金属结构总布置装配通过引用二级模板，选取合适的约束对门叶总装、门槽总装和启闭装置进行更高层级装配，完成后即为专业一级模板，作为项目级别模板入库，如图5.47所示。当重复使用时，只需要根据设计项目需求修改设计参数和骨架，或进行局部修改完成快速建模。

图 5.45　闸门挡水状态

图 5.46　闸门锁定状态

图 5.47　闸门门叶与门槽俯视图

5.2.3　结构有限元计算

平面钢闸门单节门叶各自承受相应挡水区域水荷载，因此在三维有限元分析时为了便于计算，取底节（受力最大节）作为分析对象，在挡水工况下进行静力分析、特征值屈曲分析，对闸门结构进行安全性评价。

5.2.3.1　计算模型

本次针对闸门主要承载构件进行应力应变分析，有限元模拟时对结构做以下简化处理：忽略水封及其螺栓孔和压板、主轮、充水阀体、侧轮和上游反向滑块等。同样，利用上述三维实体模型，抽中面获得门叶结构三维曲面模型，再选取合适的单元类型划分网格，可有效减少单元数量和求解自由度数量。

模型中闸门的面板、主梁、边梁、纵隔板等采用板壳单元 SHELL181 模拟。采取整体网格划分控制，网格尺寸为 80mm×80mm，模型单元总数为 8488，节点总数为 8191。闸门几何模型见图 5.48，离散后的闸门分析网格见图 5.49。

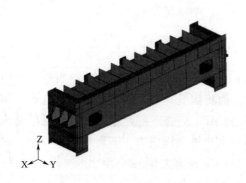 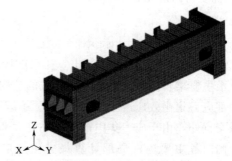

图 5.48　闸门三维曲面模型　　　　　　　图 5.49　闸门有限元模型

建模坐标说明：X 向为垂直水流向，即主梁长度方向，向右岸为正；Y 向为顺水流方向，向下游为正；Z 向为门高方向，向上为正。

约束处理：为防止水平方向刚体位移，闸门对称中心节点施加横向（X 向）位移约束，在边梁翼缘处施加顺水流方向（Y 向）位移约束，底槛处施加高度方向（Z 向）位移约束。

荷载边界：对于潜孔闸门，水压力按封水宽度和高度以及水头大小，以矩形荷载施加于面板，上游水压力方向指向下游；重力加速度方向按实际竖直方向施加。

5.2.3.2　静力计算

1. 位移结果

正常挡水过程中在设计水头作用下，经有限元分析，整体闸门结构位移分布结果如图 5.50 所示。

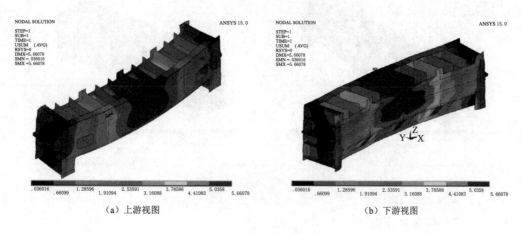

（a）上游视图　　　　　　　　　　　（b）下游视图

图 5.50　闸门总位移分布

由图 5.50 可知，底节闸门总位移中，以顺水流向位移为主，竖向及侧向位移相对很小，符合闸门所受荷载中水平水压力占主导地位的特点。最大顺水流方向位移（U_y）位于该节面板中部和下部区格，最大值为 6.1mm。

主梁的最大顺水流向位移（Y 向）为 5.4mm，位于主梁跨中。主梁支承跨度为 7.0m，挠度与跨度比为 $1/1296 < [f/L] = 1/750$，刚度满足规范要求。

2. 应力结果

应力结果如图 5.53 所示。

由图 5.51～图 5.53 可以看出，在当前计算工况下，闸门门叶主横梁相当于两端简支约束，沿主横梁长度方向承受均布荷载的结构，面板侧受压，后翼缘将出现拉应力。闸门发生局部应力集中效应产生的峰值应力为 279.42MPa，位于主梁腹板与边梁腹板、边梁后翼缘交点处，由于应力集中范围很小且大部分未超过允许应力，其影响非常有限。总体而言，闸门各主要构件局部计算最大主拉应力、等效应力值均小于允许值，满足强度要求。

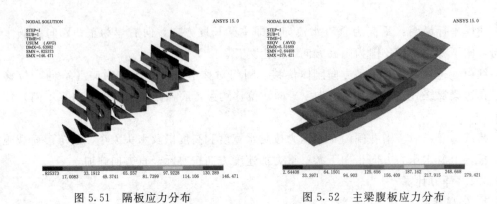

图 5.51　隔板应力分布　　　　　图 5.52　主梁腹板应力分布

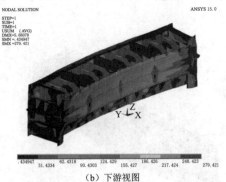

（a）上游视图　　　　　　　　　（b）下游视图

图 5.53　闸门整体应力分布

5.2.3.3　特征值屈曲分析

采用弹性特征值屈曲分析，得到闸门前四阶屈曲模态，见图 5.54。

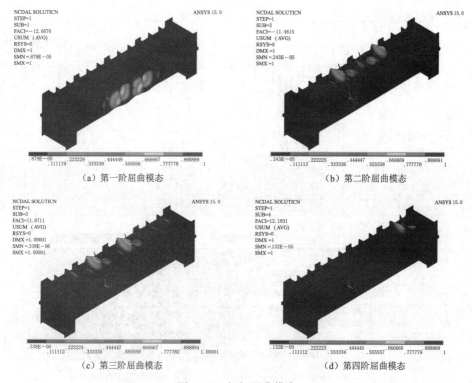

图 5.54　闸门屈曲模态

由图 5.54 看出，前四阶屈曲模态表现为底节闸门主梁后翼缘区格和纵隔板上部侧向屈曲，主要为局部屈曲，未出现整体屈曲模态；表明闸门最有可能发生主梁翼缘和上方隔板侧向局部失稳，但稳定性安全储备较高，稳定性不是闸门安全的主要控制因素。

5.2.4　工程图创建

5.2.4.1　二维图纸定制

按照金属结构制图标准和相关机械制图的规定，对该工程部位金属结构总布置图、闸门门槽和门叶总图进行专门的工程图订制，订制结果分别见图 5.55～图 5.57。其他零件图可按照资源库中已订制的图纸进行参数化驱动更新。金属结构三维布置图无需遵循三视图基本布局，可增加三维视图并配合三维标注完成主要尺寸的空间标注。为突出金属结构布置，一期混凝土可采用淡灰色并调整透明度，二期混凝土可采用深蓝色并调整透明度，相应地，技要说明中一、二期混凝土图例可用上述颜色表示。金属结构设备可按实际涂装颜色要求进行配色。由于三维图纸为真实模型投影得到，对于机构的运动极限位置，如启闭机上极限、闸门上极限等，可增加状态视图进行表达。

三维图纸图框与二维图纸相同，三维视图应尽量展示所有金属结构设备布置，件号标注主要在三维视图中完成。Catia 工程制图模块可以通过生成尺寸命令自动完成尺寸标注工作，再对局部某些特殊的尺寸进行手动标注，这样就完成了钢闸门工程图模板的定制。

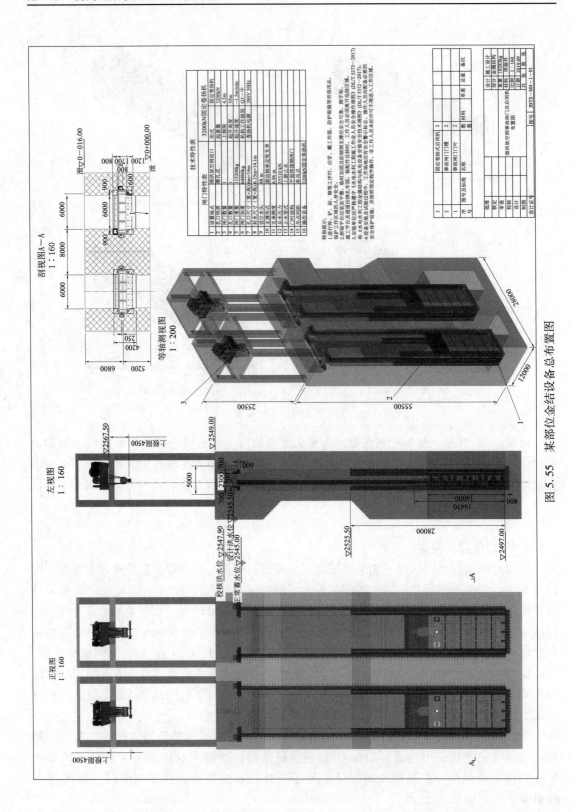

图 5.55　某部位金结设备总布置图

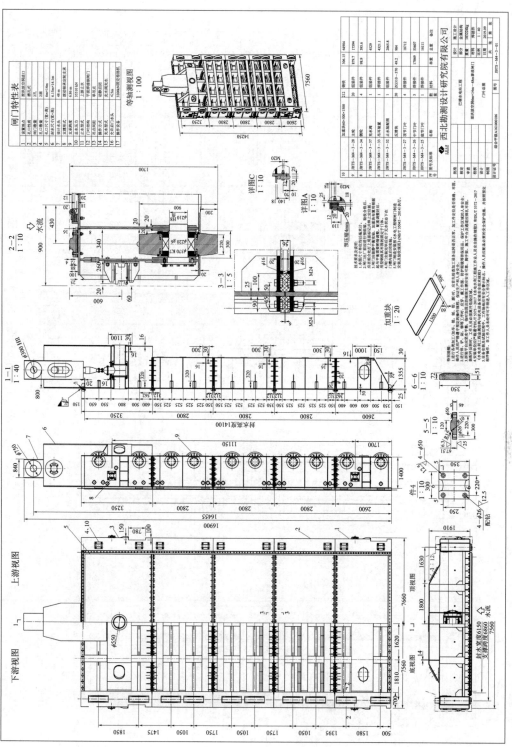

图 5.56 门叶总图

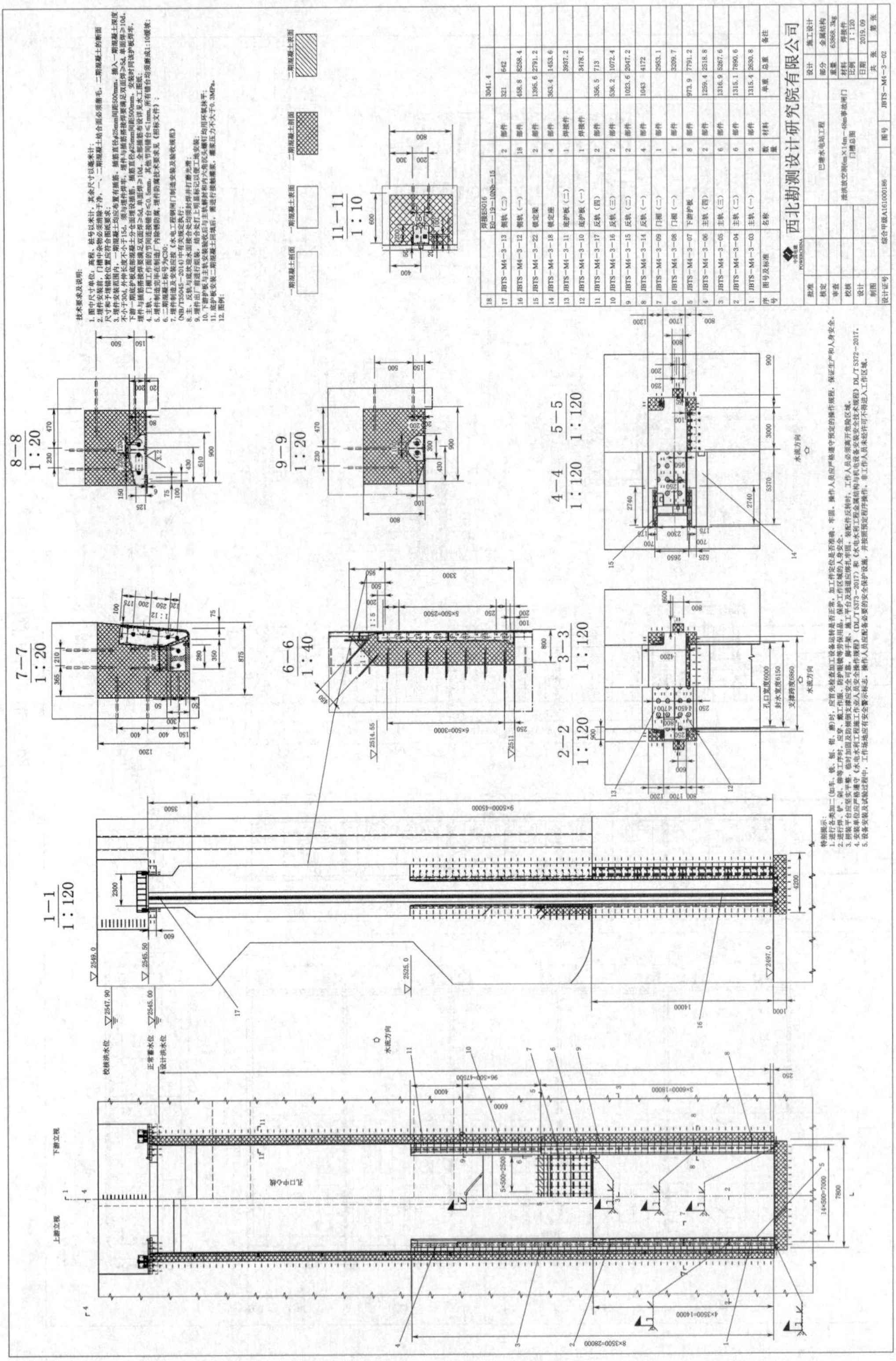

图5.57　门槽总图

5.2.4.2 材料表的生成

针对结构类（板类零件）图纸，以各板件对应的几何体外形尺寸为名称，统计各零件数量、单件重量、总重量，形成材料表，如图 5.58 所示；针对装配类及非板类零件图纸，以零件属性（字符串）为零件名称，统计各零件数量、单件重量、总重量，形成材料表。零件支持后续修改，三维模型修改后，材料表可自动更新。

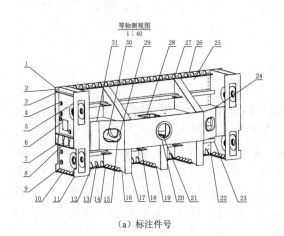

(a) 标注件号

16		−14×1089×1845	3	Q355C	220.8	622.4	
15		−12×100×1939	4	Q355C	18.3	73.2	
14		圆钢φ16−18270	1	Q355C		28.8	
13		−20×200×200	20	Q355C	5.5	110	
12		−20×200×6480	1	Q355C		198.2	
11		−20×700×3250	2	Q355C	273.9	547.8	
10		−20×600×1355	2	Q355C	33	66	
9		−20×100×150	52	Q355C	2.1	109.2	
8		−20×210×363	6	Q355C	11.1	66.6	
7		−20×210×1355	2	Q355C	44.7	89.4	
6		−8×400×400	2	Q355C	10.5	21	
5		−φ600/φ250−20	8	Q355C	36.7	293.6	
4		−φ162/φ130−50	12	Q355C	2.9	34.8	
3		−14×160×1355	4	Q355C	23.8	95.2	
2		−20×1355×3250	4	Q355C	668.5	2674	
1		−25×3250×7560	1	Q355C		4742.4	
序号	图号及标准	名称	数量	材料	单重	总重	备注

(b) 自动材料清单

图 5.58 标注件号及自动材料清单

5.3 表孔三支臂弧形钢闸门

5.3.1 工程概述

某水电站溢洪道弧形工作闸门设置在溢洪道进口，共 3 孔。每孔 1 扇，共 3 扇，孔口宽 14m，孔口高 22m，设计水头为 21.5m，底槛高程为 2523.50m。泥沙淤积高程（2492.80m）低于溢洪道进口底槛高程，故该弧形闸门荷载不考虑泥沙淤积。

闸门形式采用三主横梁斜支臂弧形闸门，设 3 个主横梁，主梁及支臂均为实腹式焊接箱形截面，支铰采用轴向剖分式自润滑球面滑动轴承，轴承内圈采用不锈钢，外圈采用轴向剖分式结构，采用镶嵌固体润滑剂的合金材料，轴径 φ630，轴承外径 φ900，内圈长 450mm，该弧门每个支铰轴承承受最大径向荷载 21000kN，最大轴向荷载 1600kN，最大干摩擦系数不大于 0.13。门叶材料主要为 Q345C。支铰的铰链和铰座材料为 ZG310.570，支铰轴材料为 40Cr，调质处理。门叶分节制造，在工地焊为整体。闸门为双吊点，侧水封采用 L 型水封，底水封采用条形水封。设有侧轮。止水橡皮采用 SF6674。弧面半径为 24m，为保证水流下泄时不冲刷弧门铰座，弧门支铰高程定为 2535.50m，主框架为斜支臂 II 形框架，支铰形式为球铰，支铰轴承选用自润滑球面滑动轴承。闸门为双吊点。侧止水采用 L 型止水橡皮，底止水为条形止水橡皮。门叶两侧设侧向导轮。闸门动水启闭，有局开运行要求。闸门按运输要求分节，在工地组焊成整体。门叶材料主要为 Q345C。

门槽由侧轨、底槛及支座埋件组成，均为型钢与钢板焊接件。门槽埋件材料主要为Q345B。水封止水座板不锈钢材质为1Cr18Ni9Ti。

每扇闸门由一套2×3600kN后拉式液压启闭机操作。

弧形工作闸门的主要技术特性如下：孔口宽度为14m；孔口高度为22m；孔口数量为3孔；闸门数量为3扇；底槛高程为2523.50m；设计水头为21.5m；闸门形式为斜支臂球铰弧形焊接钢闸门；操作方式为动水启闭、有局开运行要求；操作机械为2×3600kN后拉式液压启闭机。

5.3.2 闸门建模

5.3.2.1 调用轴网模板

弧形钢闸门在轴网的搭建思路上与平面钢闸门类似，将其面板、边梁、主梁、次梁、纵隔板等组成的梁格体系作为模型的骨架——轴网。将轴网上的定位参考元素作为钢闸门零件的输入元素，同样采用"搭积木式"的模块化建模过程。考虑到弧门分节的不规律性，对弧门整节门叶整体建模，利用轴网骨架和参数集骨架总体控制参数可以快速修改表孔弧形钢闸门的结构布置和总体尺寸。三支臂表孔弧形钢闸门结构设计相对复杂一些，其骨架可按二级骨架，一级骨架为总体骨架，主要反映弧面半径、底槛高程、支铰中心位置和孔口宽度等。二级骨架又分为门叶和支臂两部分，如图5.59所示。

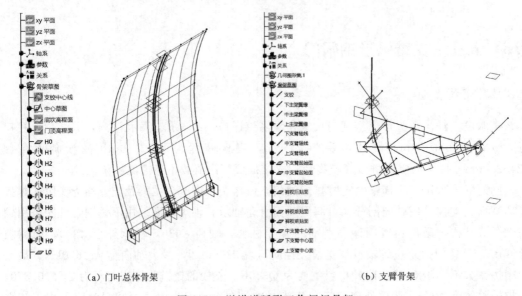

（a）门叶总体骨架　　　　　　（b）支臂骨架

图5.59 溢洪道弧形工作闸门骨架

5.3.2.2 门叶结构

由于弧形钢闸门的布置形式更为灵活，其分节位置也较为多样，因此，在弧门建模时对弧门门叶整体建模，为了满足运输要求并方便安装，在工程图上标注分节位置，在现场进行焊接。本节以门叶整体为例对弧形钢闸门的建模方法进行阐述，其建模流程如图5.60所示。

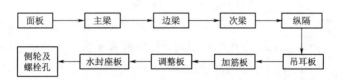

图 5.60 弧形钢闸门建模流程图

依次按上述顺序在"插入"菜单下选择"从文档实例化",选择面板、主梁、边梁、次梁、纵隔、筋板、支臂调整板、水封安装座板、侧轮座板等模板。并选择定位参考元素,对以上各梁系构件按轴网骨架进行定位,以保证轴网对各构件的位置驱动。每一个参数化构件模板插入后会生成对应的参数集,将各参数集重命名后,通过二次开发工具"合并参数"将构件之间的同名参数合并,并最终与骨架的整体驱动参数自动关联,实现参数对几何尺寸的驱动。至此即完成了弧门门叶的骨架关联设计,并集合了知识工程的全参数化建模。可按照上述同样操作扩充门叶结构的三级模板,门叶整体模板搭建过程如图 5.61 所示。

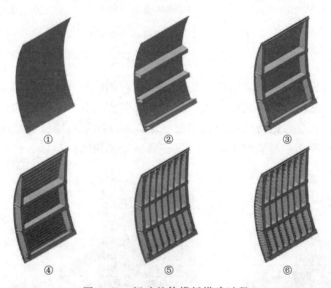

图 5.61 门叶整体模板搭建过程

若所有模板已通过资源库目录管理,可通过目录浏览器进入,选择已建立的资源库目录中的模板,点击引用即可。对于能够在门叶结构模板库(三级模板库)中匹配到的结构形式,可直接调用该门叶结构模板,甚至当能够在门叶总图模板库(二级模板库)中匹配到的需要的门叶总图结构形式,可直接调用门叶总图模板。再根据设计项目需求修改设计参数和骨架,或进行局部修改完成快速建模。

5.3.2.3 支臂装配

以支臂装配为例,对模板实例化过程进行介绍。

支臂装配为二级模板,在对其进行建模时需要规划好其结构关系,如图 5.62 所示,支臂装配由下支臂、中支臂、上支臂、裤衩板、支臂连接系等零部件组成,每一个零部件

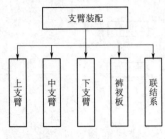

图 5.62　支臂结构关系图

均对应一类三级模板。

在支臂装配下插入支臂骨架模板，随后通过引用参考的方式将骨架元素作为输入元素，分别在"插入"菜单下选择"从文档实例化"，依次选择下支臂、中支臂、上支臂、裤衩板等模板进行实例化，对于支臂连接系，采用逐根槽钢直接引用参考支臂骨架的方式进行实例化，并结合镜像功能进行搭建，支臂装配模板搭建过程如图 5.63 所示。

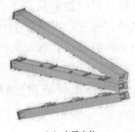 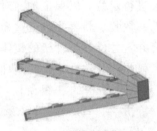 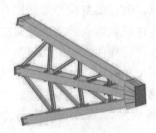

（a）支臂定位　　　　　　　　（b）裤衩板安装　　　　　　　　（c）支臂联结系安装

图 5.63　支臂装配模板搭建过程

5.3.2.4　总图装配

闸门附件采用装配约束的方式进行组装，分别对闸门支铰座、铰链、侧轮装置、水封装置等进行组装，侧轮可利用装配阵列一次性完成多实例化和装配定位。对于支臂、支铰等具有左右或上、下游对称特性的结构装配（图 5.64），可采用镜像装配工具，生成对称的实例化结构，镜像元素与原型关联，可保证原型结构修改时联动。

（a）铰链装配　　　　　　　　　　　　　（b）弧门总装配

图 5.64　支臂、支铰总图装配模板

5.3.3　结构有限元计算

5.3.3.1　计算模型

针对闸门主要承载构件进行应力应变分析，在有限元模拟时对结构做以下简化处理：

忽略水封及其螺栓孔和压板、侧轮、支铰螺栓等。通过上述三维总装配模型，进行模型处理得到闸门三维曲面模型。

模型中闸门的面板、主梁、边梁、纵隔板等采用板壳单元 SHELL181 模拟。采取整体网格划分控制，网格尺寸为 80mm×80mm，模型单元总数为 340108，节点总数为 332253。闸门几何模型见图 5.65，离散后的闸门分析网格见图 5.66。

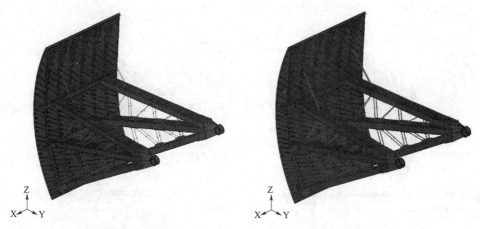

图 5.65 闸门三维曲面模型　　　　　图 5.66 闸门有限元模型

建模坐标说明：X 向为垂直水流向，即主梁长度方向，向右岸为正；Y 向为顺水流方向，向下游为正；Z 向为门高方向，向上为正。

约束处理：为防止水平方向刚体位移，闸门对称中心节点施加横向（X 向）位移约束，在边梁翼缘处施加顺水流方向（Y 向）位移约束，底坎处施加高度方向（Z 向）位移约束。

荷载边界：水压力按封水宽度和高度以及水头大小，以梯形荷载施加于面板，上游水压力方向指向下游；重力加速度方向按实际竖直方向施加。

5.3.3.2 静力计算

1. 位移结果

正常挡水过程中在设计水头作用下，经有限元分析，整体闸门结构位移分布结果如图 5.67 所示。

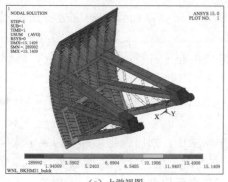
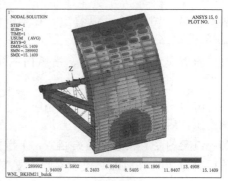

（a）上游视图　　　　　　　　　　（b）下游视图

图 5.67 闸门总位移分布

从图 5.67 可以看出，闸门面板的变形特征表现为典型的四周受约束的板壳变形特征，中部变形最大，四周较小；闸门门叶横梁变形特征与简支梁类似，跨中部位变形较两端大。在当前工况下闸门最大总位移发生在门顶中心处，为 15.14mm $<$ 14000/750 = 18.67mm，满足要求。

2. 应力结果

应力结果如图 5.68～图 5.71 所示。

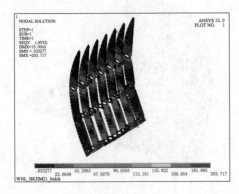

图 5.68 隔板应力分布

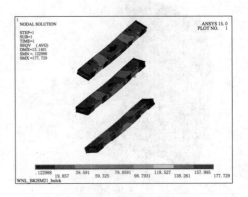

图 5.69 主梁应力分布

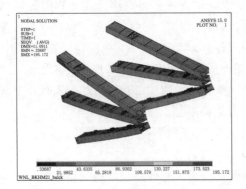

图 5.70 闸门整体应力分布

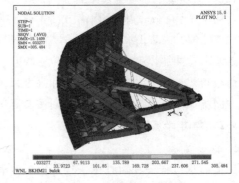

图 5.71 闸门整体应力分布

从图 5.68～图 5.71 可以看出，在当前计算工况下，闸门整体的应力特征呈现如下特点：

(1) 面板应力呈格子效应，横纵向隔板组成的格子中部由于变形较大，将出现拉应力。

(2) 闸门门叶主横梁相当于两端简支约束，沿主横梁长度方向承受均布荷载的结构，面板侧受压，后翼缘将出现拉应力。

(3) 纵梁的受力状态与横梁相似，上游翼中间受压；闸门发生局部应力集中效应产生的峰值应力为 305.48MPa，位于左侧下支臂下方，由于应力集中范围很小且大部分未超过允许应力，其影响非常有限。总体而言，闸门各主要构件局部计算最大主拉应力、等效应力值均小于允许值，满足强度要求。

5.3.3.3　特征值屈曲分析

采用弹性特征值屈曲分析，得到闸门前四阶屈曲模态（图5.72）。

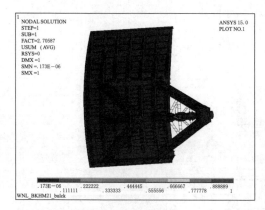

　　　　　　（a）第一阶屈曲模态　　　　　　　　　　　　　　（b）第二阶屈曲模态

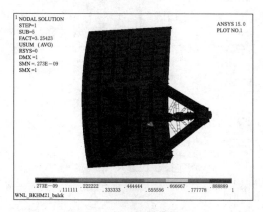
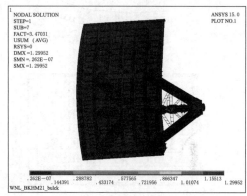

　　　　　　（c）第三阶屈曲模态　　　　　　　　　　　　　　（d）第四阶屈曲模态

图5.72　闸门屈曲模态

前四阶屈曲模态表现为支臂上方弦杆侧向屈曲，主要为局部屈曲，未出现整体屈曲模态；表明闸门最有可能发生支臂上方弦杆侧向局部失稳，该联结系稳定性需提高，但不会影响闸门整体稳定安全。

5.3.4　工程图创建

弧形钢闸门工程图的创建方法和前述平面钢闸门一致，选用定制好的工程图模板，对弧形钢闸门的各个视图进行合理布置，并进行尺寸标注、文字说明，利用二次开发的"金结出图工具集"进行零件编号和材料表的生成。工程图与模型保持有连接关系，当下次需要使用是只需要对三维模型的参数进行修改，刷新之后工程图也会随之刷新。弧形钢闸门主要结构工程图纸如图5.73所示。

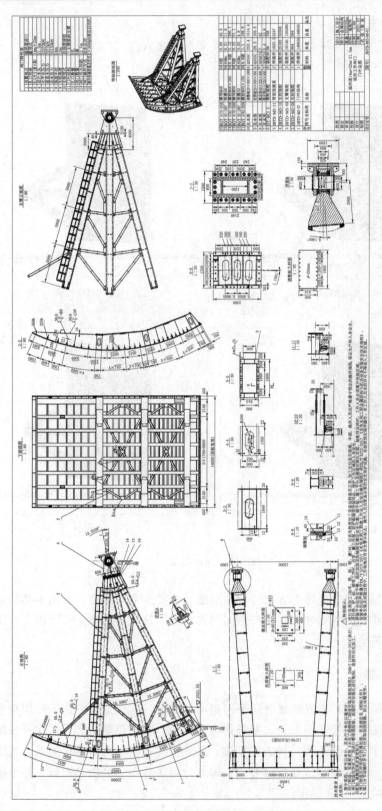

图 5.73　三支臂弧形钢闸门门叶结构

5.4 潜孔直支臂弧形钢闸门

5.4.1 工程概述

　　某水电站共设左、右2个中孔泄水道，左中孔泄水道进水口及有压段设在拱坝偏左岸16号坝段，正常水位下水头为60m，全长约为230m。右中孔泄水道进水口及有压段设在拱坝偏右岸7号坝段，正常水位下水头为60m，全长约为245m。在每个中孔有压段出口处均设1孔弧形工作闸门（图5.74），孔口尺寸为8m×10m（宽×高），弧门由闸室内布置的4000kN/500kN液压启闭机进行启闭操作。

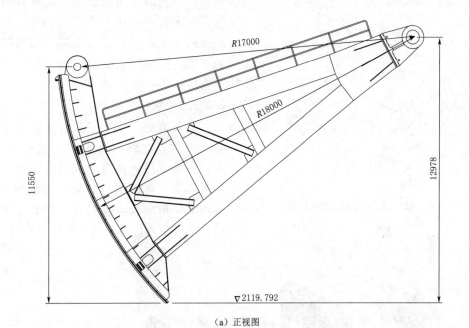

（a）正视图

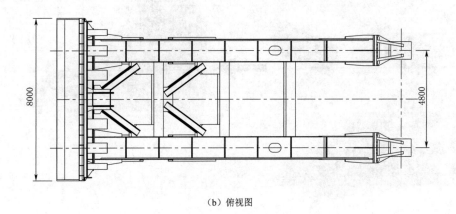

（b）俯视图

图5.74　中孔8m×10m－60m弧形工作闸门（单位：mm）

设计条件如下：孔口形式为潜孔；孔口尺寸（宽×高）为 8m×10m；封水尺寸（宽×高）为 8m×10.883m；孔口数量为 2 孔；闸门数量为 2 扇；设计水头为 60m；操作方式为动水启闭；操作机械为液压启闭机。

设计参数如下：弧面半径为 18m；铰心高度为 12.978m；水容重为 10.5kN/m^3；闸门结构为双主横梁直支臂；支铰形式为圆柱铰。

5.4.2　弧形闸门建模

5.4.2.1　调用轴网模板

弧形钢闸门的结构组成，建模思路与平面钢闸门类似，也是将边梁、主梁、次梁、隔板简化为一系列的线和平面，从而构成了模型的骨架——轴网（图 5.75）。将轴网上的定

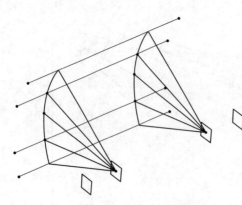

图 5.75　弧形钢闸门轴网骨架

位点、线及面作为弧形钢闸门零件的输入元素对零件模板进行快速实例化，同时利用轴网参数可以快速修改弧形钢闸门的结构布置，控制弧形钢闸门的总体尺寸及梁系布局。

5.4.2.2　闸门装配

弧形钢闸门单节门叶的建模与平面钢闸门一致，此处不再赘述。如图 5.76 所示，在单节门叶搭建完成之后，可以在产品节点下，利用相合约束、接触约束、偏移约束、角度约束等约束方式将不同分节的门叶、支臂以及水封等附件进行总装配。

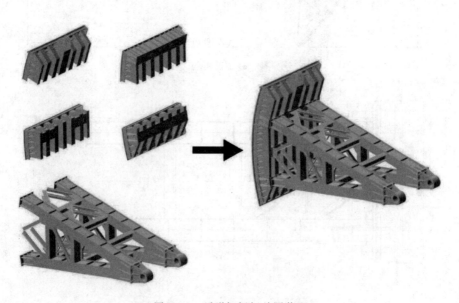

图 5.76　弧形钢闸门总图装配

5.4.3 结构有限元计算

在挡水工况下进行静力分析、特征值屈曲分析，对闸门结构进行安全性评价。

5.4.3.1 计算模型

本次针对闸门主要承载构件进行应力应变分析，有限元模拟时对结构做以下简化处理：忽略水封及其螺栓孔和压板、侧轮。

考虑到闸门结构大多由钢板或型钢焊接而成，将实体三维设计模型转换为曲面模型并按 CAD/CAE 模型转换方法，生成闸门三维曲面模型，闸门的面板、主梁、边梁、纵隔板、支臂及裤衩板等采用板壳单元 SHELL181 模拟，SHELL181 单元可以模拟薄到中等厚度板。弧门支铰为铸造件，采用 SOLID185 模拟，支臂联结系桁架采用 BEAM188 单元，采取整体网格划分控制，网格尺寸为 $100\text{mm}\times100\text{mm}$，模型单元总数为 171080，节点总数为 149052。闸门几何模型见图 5.77，离散后的闸门分析网格见图 5.78。

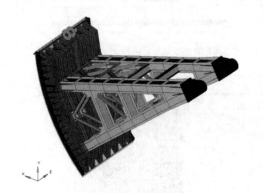

图 5.77 闸门三维几何模型

图 5.78 闸门有限元模型

建模坐标说明：X 向为顺水流方向，向下游为负；Y 向为门高方向，向上为正；Z 向为垂直水流向，即主梁长度方向，向左岸为正。

约束处理：为防止水平方向刚体位移，闸门对称中心节点施加横向（Z 向）位移约束，底槛处施加高度方向（Y 向）位移约束，在支铰中心处施加除 Z 向旋转自由度以外的所有约束。荷载边界：水压力按封水宽度和高度，以及水头大小，以梯形荷载施加于面板，上游水压力方向指向下游；重力加速度方向按实际竖直方向施加。

5.4.3.2 静力计算

1. 位移结果

正常挡水过程中在设计水头作用下，经有限元分析，整体闸门结构位移分布结果如图 5.79 所示。

从图 5.79 可以看出，闸门面板的变形特征

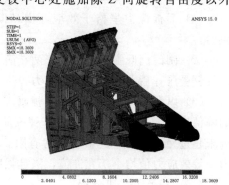

图 5.79 闸门总位移分布

表现为典型的四周受约束的板壳变形特征，中部变形最大，四周较小；闸门门叶横梁变形特征与简支梁类似，跨中部位变形较两端大。在当前工况下闸门最大总位移发生在主梁后翼缘中心处，为 18.36mm。

2. 应力结果

应力结果见图 5.80～图 5.82。

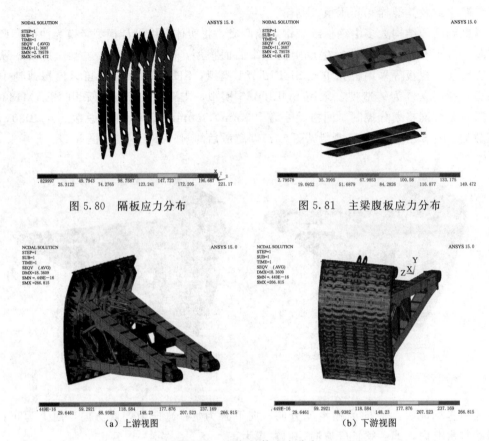

图 5.80 隔板应力分布　　　　图 5.81 主梁腹板应力分布

（a）上游视图　　　　　　　　（b）下游视图

图 5.82 闸门整体应力分布

从图 5.80～图 5.82 可以看出，在当前计算工况下，闸门整体的应力呈现如下特点：

（1）面板应力呈格子效应，横纵向隔板组成的格子中部由于变形较大，将出现拉应力。

（2）闸门门叶主横梁相当于两端简支约束，沿主横梁长度方向承受均布荷载的结构，面板侧受压，后翼缘将出现拉应力。

（3）纵梁的受力状态与横梁相似，上游翼中间受压。闸门发生局部应力集中效应产生的峰值应力为 266.82MPa，位于裤衩筋板与支铰角点处。由于应力集中范围很小且大部分未超过允许应力，其影响非常有限。总体而言，闸门各主要构件局部计算最大主拉应力、等效应力值均小于允许值，满足强度要求。

5.4.3.3 特征值屈曲分析

采用弹性特征值屈曲分析，得到闸门前四阶屈曲模态（图 5.83）。

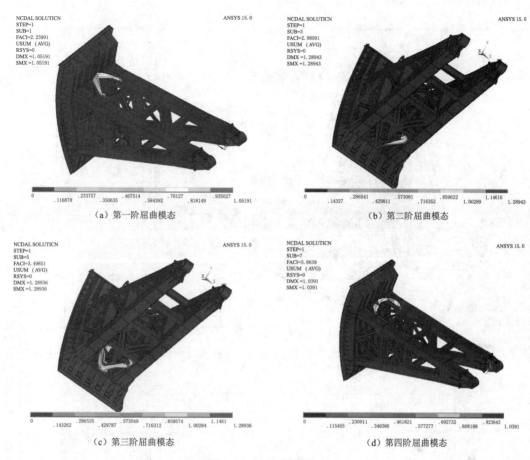

图 5.83　闸门屈曲模态

前四阶屈曲模态表现为支臂连接系局部屈曲，未出现整体屈曲模态；表明闸门支臂连接杆局部失稳，需对此进行加强。

通过对弧形钢闸门参数化设计和有限元分析计算的数字化设计，实现了 CAD/CAE 模型转换，可以对大多数钢板焊接件进行高效快速建模和有限元网格划分，将实体模型转为曲面模型，大大减少了计算机求解自由度的数量，节省计算成本；可以更多地反映实际设计结构细节，提高了计算的精度；CAD/CAE 模型关联，可以实时为三维设计产品提供仿真环境，提高了产品的安全性和可靠性。充分发挥了 Catia 的三维参数化建模功能和 ANSYS 有限元分析这两者的优势，将三维参数化设计和有限元分析手段结合起来，最终实现水工钢闸门从设计到仿真的 CAD/CAE 过程，有助于提高产品设计质量和设计效率。

5.4.4　工程图创建

该潜孔弧形钢闸门工程图的创建方法和前述表孔弧形钢闸门一致，选用定制好的工程图模板，对弧形钢闸门的各个视图进行合理布置，并进行尺寸标注、文字说明，利用二次开发的"金结出图工具集"进行零件编号和材料表的生成。工程图与模型保持有连接关系，模型驱动后工程图可自动刷新。弧形钢闸门主要结构工程图纸如图 5.84 所示。

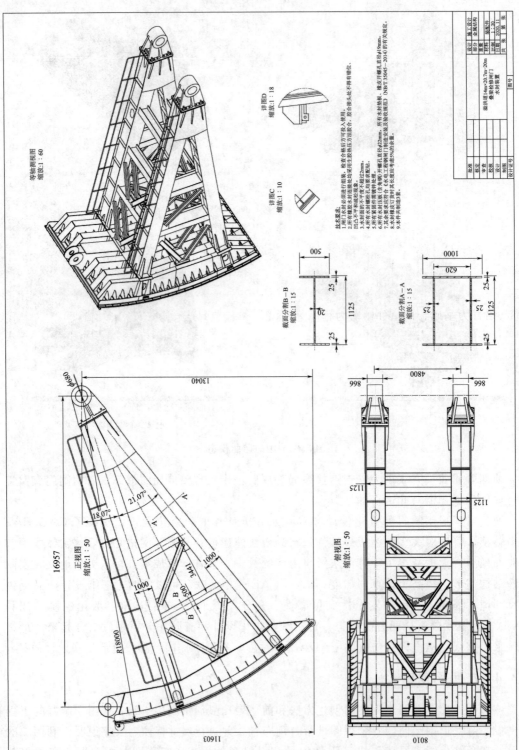

图 5.84　弧形钢闸门门叶总图

第6章 钢闸门数字化软件系统二次开发及工程应用

在钢闸门数字化设计分析方法的基础上，为进一步减少手动计算量，提高钢闸门设计分析的效率，同时方便设计人员进行实操运用，结合闸门设计理论及相关规范要求，依托钢闸门模板资源数据库及相关软件技术，探究开发以满足生产应用需求为目的的钢闸门数字化、集成化设计系统并定制专用的功能模块具有非常重要的意义。

6.1 钢闸门数字化软件系统开发平台简介

Visual Basic（VB）是 20 世纪 90 年代末由微软公司开发的在 Windows 操作系统下以 Basic 语言为基础、以事件驱动为程序运行机制的高级可视化编程语言，可用于开发各类应用程序，具有简单易学、代码效率高的特点。Visual Basic 6.0 是当前 Windows 平台上最为流行的一个版本，集代码编辑、编译及调试功能于一体，为编程者提供了一个易学易用且完整、全面而又方便的开发环境。在 Visual Basic 6.0 中进行编程时，用户可以利用程序提供的界面元素，如"窗体""菜单""按钮"，通过鼠标的拖动及属性的设置即可轻松地设计出所需的程序界面，同时还不需要编写描述每个对象功能的代码，这极大地降低了编程的难度及工作量，使我们可以将更多的精力集中于用户程序内容上。另外支持软件集成式开发及强大的访问数据库功能，同时具有 API 函数，支持 OLE 等技术，能最大程度地满足用户快速、高效开发复杂程序的需要。VB6.0 开发界面如图 6.1 所示。

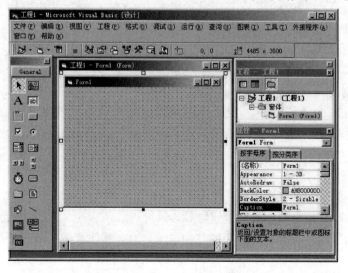

图 6.1 Visual Basic 6.0 开发界面

6.2 钢闸门数字化软件系统二次开发

6.2.1 系统二次开发思路

系统二次开发就是在钢闸门数字化设计分析方法的基础上，以 VB 6.0 软件为开发工具，通过用户需求分析及对闸门设计过程分析，搭建一个简洁实用的用户界面作为钢闸门设计分析系统人机交互平台。用户只需要通过控制参数的输入与修改即可完成钢闸门的结构设计、模型搭建、模型分析、图纸绘制及报告生成。系统内部以钢闸门设计原理及闸门设计规范作为计算依据，以钢闸门模板资源数据库作为建模出图基础，以通用参数化 AP-DL 命令流为分析核心，以各模块间参数的传递为关键，支撑软件实现既定的功能。钢闸门设计分析系统总体开发思路如图 6.2 所示。

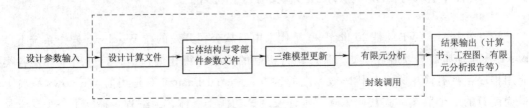

图 6.2 钢闸门设计分析系统总体开发思路

6.2.2 系统设计理念

在本系统具体设计过程中，采用主流的模块化设计思想。所谓的模块化设计就是把一个复杂的系统分解成若干个独立、功能单一的模块，将这些模块积木式地组合在一起，构成一个有特定功能的系统。这种设计的优势在于各个模块之间相对保持独立，每个模块可以独立地编写、测试及修改，使得设计容易且好理解，同时模块的独立性能够有效地避免错误在各个模块间的传递，有助于提高软件的可靠性。平面钢闸门数字化设计分析系统根据预定功能进行模块划分，共分为六大模块，分别是设计基本资料、结构设计模块、三维建模模块、有限元分析模块、结果输出模块及辅助工具模块，每个模块又设有不同的子模块，各模块之间既能保持功能上的独立，又能够共享内在数据，保持数据的统一性与延续性。本书平面钢闸门设计分析系统模块结构示意图如图 6.3 所示。

6.2.3 系统技术路线

在解决好 VB 与各个软件的接口问题后，就可以利用 VB 设计交互式界面。交互式界面以简洁实用为原则，综合考虑运用的各种需求，对一些重要的参数自动赋予初值，同时也支持手动赋值。

界面只是跟用户建立通信的平台，数据库等后台资源的配置才是核心。系统采用 Ex-

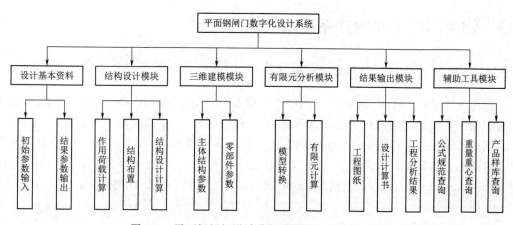

图 6.3　平面钢闸门设计分析系统模块结构示意图

cel 作为程序的数据库同时也运用 Excel 数据表编制平面钢闸门设计计算程序。计算程序的编制以钢闸门设计基本理论、《水电工程钢闸门设计规范》（NB 35055—2015）《水工设计手册》《水电站机电设计手册——金属结构（一）》等文献为依据。通过 VB 界面将设计参数传递至计算程序中，Excel 能够按照预先程序设定自动计算，并将需要的结果反馈回界面。同时配合 Word 将计算过程存储，按照预定模板实现自动生成计算书的功能。另外，在三维参数化建模平台 Catia 环境下，通过调用模板资源数据库中所需闸门种类的三维参数化模型，将上一步设计计算结果及用户配置再传递到三维参数化模型中，通过数据驱动模型，进而改变与之关联的二维工程图纸，实现工程图纸的绘制。从建立好的三维模型中提取主体结构模型，通过数据接口软件处理导入到 ANSYS 软件中，进一步利用 AP-DL 命令流完成闸门的结构有限元分析[75]，进而为优化提供依据，系统总体技术路线图如图 6.4 所示。

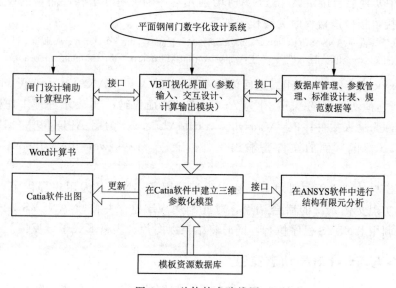

图 6.4　总体技术路线图

6.3　钢闸门数字化软件系统动态交互技术

6.3.1　VB 与 Catia 对象动态交互

应用 VB 编程实现对 Catia 应用程序动态交互，主要是想利用 Catia 强大的 BIM 建模与出图能力来实现钢闸门数字化设计系统的三维建模与自动出图模块等功能。

系统选用在 VB 环境中进行编程的方法。在 VB 中要操纵 Catia 应用程序需要两步来建立有效的连接，第一步是要在 .exe 文件中要引入 Catia 的所有类型库，第二步要通过函数 GetObject 与 CreateObject 连接到 com 接口，进行访问的关键代码如下：

```
Dim Catia As Object
    On Error Resume Next
    Set Catia = GetObject( , "Catia. Application")    'Suppose Catia is running.
If Err. Number <> 0 Then
    Set Catia = CreateObject("Catia. Application")
    Catia. Visible = True
End If
On Error GoTo 0
……
```

程序对接以后，按照 Catia 编程步骤，就可以实现对 Catia 模型的操作。

6.3.2　VB 与 ANSYS 对象动态交互

利用 VB 对 ANSYS 进行动态交互，主要是想利用 ANSYS 强大的有限元分析功能来后台支撑完成钢闸门数字化设计系统的工程分析模块功能，同时借助 APDL 参数化语言来有效地提高 ANSYS 在工程分析中的效率。

在 VB 中实现后台调用 ANSYS APDL 应用程序的关键在于软件路径的设置以及对程序接口的连接，接口连接程序关键代码如下：

```
xxx = Shell("""F:\…\ANSYS\bin\winx64\ansys150. exe"". p ane3fl. dir ""F:\ansys workfile"". j ""file"". s read. l
en. us. b. i ""F:\ansys workfile\file. txt"" . o ""F:\ansys workfile\fileout. txt""", vbMinimizedFocus)
```

其中：xxx 是存储 Shell 函数返回值的变量；F：\ … \ ANSYS \ bin \ winx64 \ ansys. exe 为所在的文件目录；ane3fl 为 Ansys 产品特征代码；.b 表示处理工作模式；.i 标记后面的文件为输入文件；F：\ ansys workfile \ file. txt 为用 APDL 语言编写的 Ansys 输入文件；.o 标记后面的文件是输出文件；F：\ ansys workfile \ fileout. txt 是输出文件。

这里 VB 与 ANSYS 实现动态交互主要是利用了 ANSYS 为用户提供了 batch 功能，此功能可以实现文件系统的后台调用，对此利用 VB 建立并修改 ANSYS APDL 命令文件，完成后调用 ANSYS 程序执行，同时将结果以图片、表格形式予以反馈。

6.3.3　VB 与 Excel 对象动态交互

Excel 是一款常用的办公软件，具有强大的数据处理、统计分析和便捷的二次开发功能，因此本书选择以 Excel 软件为钢闸门数字化设计系统的辅助计算平台，同时也将 Excel 用作资料数据库，用来存储初始的设计资料、荷载数据、模型的特征参数、标准件设计表以及闸门规范中的数据等。

要实现 VB 与 Excel 对象动态交互，首先需要在 VB 中引用 Excel 对象库，之后要对 Excel 中的对象进行声明，两步完成之后才能对 Excel 进行打开、关闭、排版、数据交换等操作。这里对编程过程用到的 Excel 的层次结构作一说明。

（1）Application 对象表示程序本身。

（2）WorkBook 对象表示 Excel 中的工作簿文件对象。

（3）WorkSheets 对象表示 Excel 中的工作表对象集。

（4）Cells、Range、Rows、Columns 对象分别表示 Excel 的工作表单元格对象集、区域对象、行对象集、列对象集。

Excel 对象声明代码如下：

```
Dim exls As New Excel. Application
Dim exbook As New Excel. Workbook
Dim exsheet As New Excel. Worksheet
```

6.3.4　VB 与 Word 对象动态交互

在水利水电行业中，钢闸门设计计算书作为设计成果的重要组成部分，也是判断钢闸门设计是否合理和保证质量安全的重要依据，因此编写准确规范的闸门设计计算书就显得非常重要。目前，闸门设计计算书在编写的过程中以人工编排为主，不仅任务量大，而且还容易出错，为此有必要探究应用 VB 与 Word 对象交互来自动根据输入参数生成闸门计算说明书。

实现 VB 与 Word 对象动态交互的过程与 Excel 对象相似，主要有两步，第一步引用 Word 对象库，第二步创建 Word 对象，具体的代码如下：

```
On Error Resume Next
Set WordApp16 = GetObject(, "Word. Application")'Get the word object
If Err Then
    Err. Clear
    Set WordApp16 = CreateObject("Word. Application")
        If Err Then
            MsgBox ("运行错误")
        Exit Sub
        End If
End If
```

6.4　钢闸门数字化软件系统工程应用

6.4.1　基本资料

以西部某大型水电站工程机组进水口快速闸门数字化设计为例，对该数字化设计系统各模块功能作进一步说明。已知其闸门形式为潜孔式平面滑动钢闸门，孔口尺寸（宽×高，下同）为 9.0 m×10.0m，止水尺寸为 9.15m×10.1m，支承跨距为 9.6m，水容重取 10.0kN/m³，设计水头为 25.0m，面板及止水布置于上游侧，操作方式为动水闭门、静水启门，平压方式为旁通阀充水，提门水压差不大于 5m，操作机械为液压启闭机。

门叶主材选用 Q345C，水平次梁选用 Q235B，埋件主材选用 Q345B，闸墩采用 C30 混凝土，侧水封选用"P60.A"型橡皮，底水封选用"I110.20"型橡皮水封。

闸门主材的容许应力值具体见表 6.1、表 6.2，统一取钢材弹性模量 $E=2.06×10^5 \text{N/mm}^2$，剪切模量 $G=0.79×10^5 \text{N/mm}^2$，泊松比 $\mu=0.3$，质量密度 $\rho=7850 \text{kg/m}^3$。

表 6.1　　　　　　　　　　　　选用钢材的容许应力　　　　　　　　　　单位：N/mm²

钢　材	厚　度	$\delta \leqslant 16\text{mm}$	$16\text{mm}<\delta \leqslant 40\text{mm}$
Q345（门体梁系、埋件）	抗拉、抗压和抗弯	$[\sigma]=225$	$[\sigma]=225$
	抗剪	$[\tau]=135$	$[\tau]=135$
	局部承压	$[\sigma_{cd}]=335$	$[\sigma_{cd}]=335$
	局部紧接承压	$[\sigma_{cj}]=170$	$[\sigma_{cj}]=170$
Q235（门体梁系）	抗拉、抗压和抗弯	$[\sigma]=160$	$[\sigma]=150$
	抗剪	$[\tau]=95$	$[\tau]=90$

表 6.2　　　　　　　　　　　选用 Q345 的零件容许应力　　　　　　　　单位：N/mm²

应力种类	容许应力	应力种类	容许应力
抗拉、抗压和抗弯	$[\sigma]=145$	局部紧接承压	$[\sigma_{cj}]=115$
抗剪	$[\tau]=85$	孔壁抗拉	$[\sigma_k]=165$
局部承压	$[\sigma_{cd}]=215$		

6.4.2　模块界面

平面钢闸门数字化设计分析系统的启动界面如图 6.5 所示，之后用户可进入到主界面。

6.4.2.1　基础资料输入模块

进入系统之后，默认会进入到基础资料输入模块中，输入初始资料后的界面如图 5.6 所示。在图 6.6 中可以看到该界面主要由标题栏、菜单栏、模块选项卡及状态栏四部分构成。菜单栏位于标题栏的下方，由 7 个菜单命令组成，主要是用来设置路径、保存文件、编辑文本、提供设计流程、设置系统属性、查询公式及规范、访问帮助文档等。菜单栏之下是模块选

图 6.5　平面钢闸门数字化
设计分析系统启动界面

项卡，按照功能需求，系统共设定了六大模块，分别是设计基本资料模块、闸门结构设计模块、三维建模模块、有限元分析模块、结果输出模块及查询计算工具模块。在选项卡

中，同一时刻只允许一个选项卡是活动的，这个选项卡向用户显示所设定功能，其他的选项卡内容隐藏。用户可以通过单击不同的选项卡进行自由切换，也可以点击界面右下角"下一步"，按照预定的闸门设计分析流程进行切换。状态栏位于选项卡的下方，用于显示系统版本号、当前选项卡所处的模块以及系统时间。

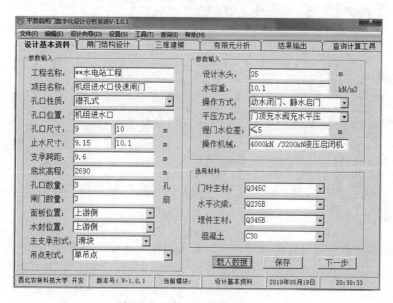

图 6.6 系统基础资料输入界面

依据相关规范要求，结合设计人员的习惯，确定了平面钢闸门的基本参数。通过对输入值的类型约束及系统提示，可以保证输入值的合法性及准确性。输入所有参数后，点击"保存"按钮，便可将输入的参数进行保存。为了避免在软件重启时参数的重复输入，可以通过"载入数据"按钮导入保存的数据。完成基础资料输入后，单击"下一步"按钮进入闸门结构设计模块。

6.4.2.2 闸门结构设计模块

闸门结构设计模块主要分为结构布置、面板设计、主次梁荷载计算、主梁设计、水平次梁设计、垂直次梁设计等子模块。

1. 结构布置

结构布置主要是确定梁系结构，包括主梁、次梁、顶梁、底梁及横向联结系等的数目及位置。梁格布置的具体思路是：首先依据闸门整体结构尺寸，按照加工、运输、安装等要求进行分节，确定闸门的总分节数目，再依据等载布置具体确定每一节的高度；其次对每一门节单独进行布置，确定主次梁（包括顶梁与底梁）的布置数目、连接形式；最后通过试算，对比计算结果，优选确定各参数值。按照上述思路，输入参数后，点击"参数确定并计算"，计算表格就会显示计算值，如图 6.7 所示。

2. 面板设计

面板设计主要是估算面板的厚度。在结构布置中已经计算得到各梁系的主要布置位置，这样就可以得到每个计算区格的参数。以某一列为计算对象，根据面板估算厚度公式

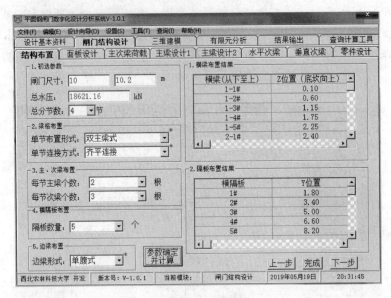

图 6.7　结构布置子模块界面

就可以计算出各区格所需面板的厚度，选取最大值作为计算面板厚度。面板设计子模块的界面如图 6.8 所示。在此界面中，选择薄板的支撑类型后，点击"厚度计算"便可自动求得计算面板厚度。

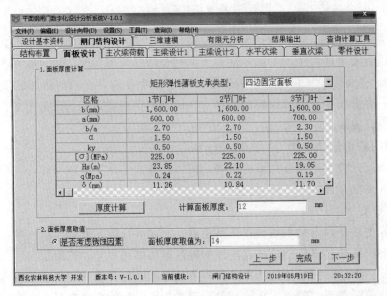

图 6.8　面板设计子模块界面

3. 主次梁荷载计算

根据主次梁的布置位置，按水压力荷载作用范围分别计算作用荷载。主次梁荷载计算子模块界面如图 6.9 所示。在此界面中，点击荷载计算便可按照主次梁布置顺序显示计算结果。

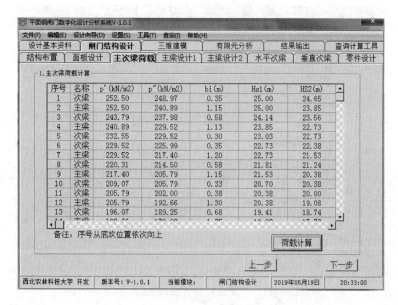

图 6.9 主次梁荷载计算子模块界面

4. 主梁设计

主梁设计包括截面尺寸的计算与截面验算两部分。其计算原理是：由主梁上作用的荷载求得主梁的最大弯矩和剪力，进而得到所需的截面模量，再根据梁高公式、经验公式求得截面的参考值。用户输入具体的截面尺寸，考虑面板的参与，计算出截面形心矩、截面惯性矩、截面模量等，进行强度刚度验算。主梁设计计算模块界面如图 6.10、图 6.11所示。

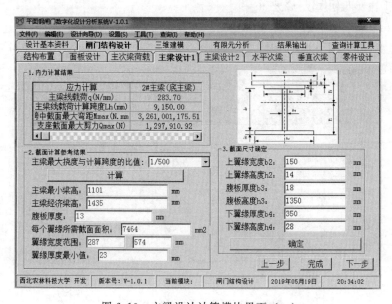

图 6.10 主梁设计计算模块界面 (一)

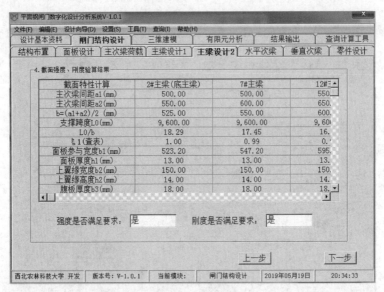

图 6.11　主梁设计计算模块界面（二）

在界面（一）中，输入主梁的最大挠度与计算挠度的比值，点击"计算"就会显示出截面尺寸参考值，用户据此结果再输入具体设计尺寸值，点击"确定"及"下一步"，进入到主梁设计模块界面（二），查看截面验算结果。若不满足条件，可以返回上一步修改截面尺寸，重新计算，直到满足为止。

5. 水平次梁设计

水平次梁和顶梁、底梁都是支承在横隔板上的连续梁，在进行内力计算时按照多跨连续梁计算。除此之外的截面选择、强度验算、挠度验算等设计过程，原理与主梁设计基本一致，设计计算界面如图 6.12 所示。

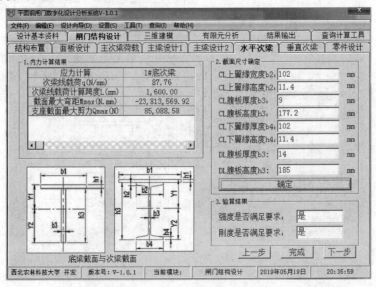

图 6.12　水平次梁设计计算界面

在此计算界面中，可以根据截面的内力计算结果选择输入不同型号的热轧工字型钢尺寸，通过强度与挠度的验算来判断钢材是否满足要求。点击"确定"按钮即可显示出验算的结果。

6. 垂直次梁设计

垂直次梁一方面用于传递面板与水平次梁荷载，另一方面还能均衡主梁荷载的分配。在计算荷载时采用近似的三角形或四边形分布的水压力。其设计思路与上述主梁、水平次梁设计基本一致，即首先进行荷载与内力计算，之后进行截面的尺寸的确定，最后进行截面验算。垂直次梁设计计算界面如图 6.13 所示。

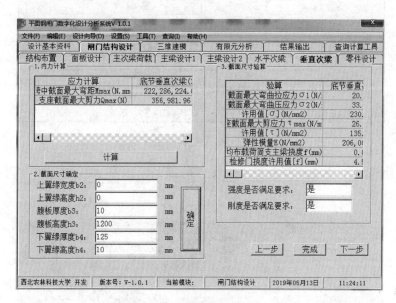

图 6.13　垂直次梁设计计算界面

6.4.2.3　三维建模模块

三维建模模块的主要功能是将结构设计的参数进行传递，并更新三维参数化模型，从而完成三维建模。三维建模模块的用户交互界面如图 6.14 所示。该界面中多数参数值来源于结构设计结果，部分参数需要用户根据设计资料录入。参数输入完成后，点击"模型更新"即可。如果对模型的一些构造有特殊要求，则需要利用结果输出模块中的接口打开模型，进入 Catia 中修改。

6.4.2.4　有限元分析模块

有限元分析模块的主要功能是完成闸门的静力分析，通过设置闸门的分析类型（静态分析）、材料属性及作用水头，利用 APDL 命令流后台完成计算，并将全局位移及应力云图显示于当前界面中，界面效果如图 6.15 所示。

在进行有限元分析之前，必须要按照前文中所述方法对实体模型进行转换。为方便模型转换，特别设置了模型交换的接口，用户只需要设置输出文件路径，点击"模型输出 .stp 文件"按钮即可将 .stp 输出到指定的路径下。完成网格的划分后，将 .cdb 文件保存在同一路径下，再点击"cdb 网格文件导入"按钮，程序会在后台进行

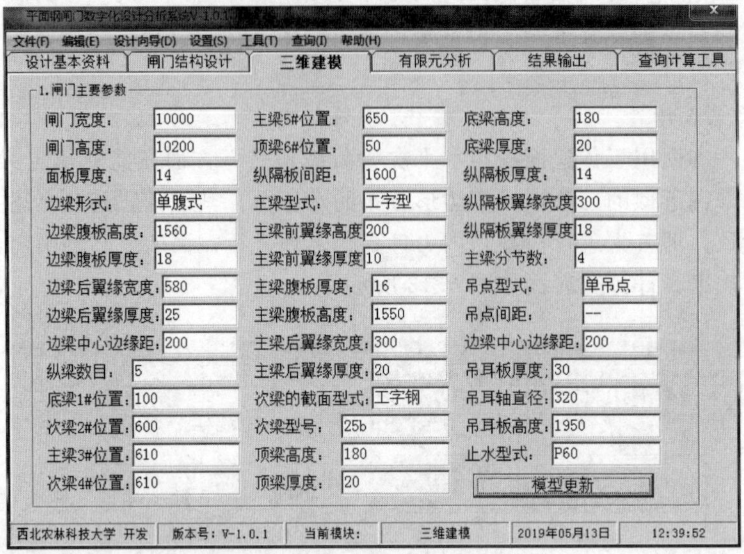

图 6.14　三维建模模块界面

计算。此外也设置了快速打开分析结果文件的接口，点击"打开"即可调出 ANAYS 软件并自动读取。

图 6.15　有限元分析模块界面

6.4.2.5　结果输出模块

结果输出模块的作用主要是实现设计成果的管理，包括生成计算说明书，更新工程施工图纸，打印图纸，归档设计文件资料及查看模型、图纸等功能。结果输出模块界面如图6.16 所示。为了能非常直观的看到设计成果，设置了三维模型查看窗口，用户在该窗口中可以通过鼠标或按钮对模型进行简单操作,如旋转、移动、缩放。同时也支持快速打开 Catia 装配模型、工程图纸进行视图等操作。

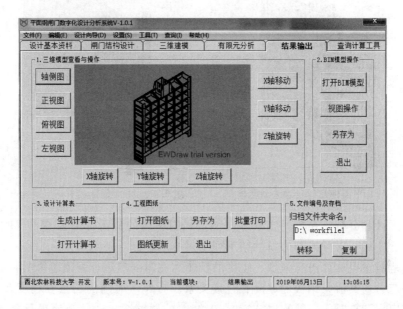

图 6.16 结果输出模块界面

6.4.2.6 查询及计算工具模块

查询及计算工具模块的功能主要是在设计计算过程中给用户提供一些帮助工具,如计算器等。同时为满足用户查询的需要,提供一些定制化的服务,如闸门重量查询、闸门重心位置查询、材料表统计等。

6.4.3 结果分析

通过软件计算,得出主要构件尺寸规格,见表 6.3。建立的平面钢闸门三维参数化模型如图 6.17 所示,划分的有限元网格模型如图 6.18 所示。

表 6.3 　　　　　　　　平面钢闸门主要构件几何尺寸汇总表 　　　　　　单位:mm×mm

构件名称		截面尺寸		
		上翼缘	腹板	下翼缘
面板		14（厚度）		
主梁	上主梁	10×200	16×1550	20×300
	中主梁	10×200	16×1550	20×300
	下主梁	10×200	16×1550	20×300
	底主梁	10×200	16×1550	20×700
边梁（单腹式）		—	18×1560	25×580
水平次梁（I25b）		13×118	10×224	13×118

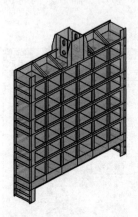
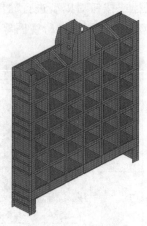

图 6.17 平面钢闸门三维参数化模型   图 6.18 平面钢闸门有限元网格模型

经有限元计算分析，在关闭挡水工况下，闸门整体的应力分布及变形情况如图 6.19 所示，面板、主梁、次梁的静力特性结果列于表 6.4 中。

依据规范对主要构件进行强度、刚度的校核。在对闸门进行强度验算时，应首先确定材料的允许应力，其值与钢板的厚度有直接关系。另外考虑闸门的重要程度及运行条件，在构件允许应力计算时，一般乘以 [0.9，0.95] 的调整系数，结合该项目具体情况，取值为 0.9。面板本身在局部弯曲的同时还随梁系受整体弯曲的作用，因此还应当乘以弹塑性调整系数。

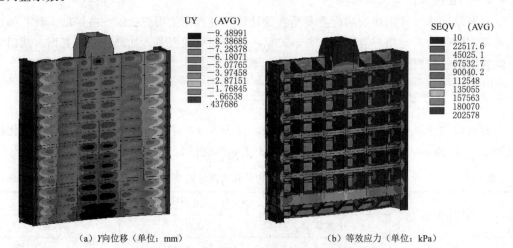

(a) Y 向位移（单位：mm）   (b) 等效应力（单位：kPa）

图 6.19 平面钢闸门整体结构静力分析结果

表 6.4   闸门主要构件的静力计算结果汇总表

指标类型 \ 构件类型	面板	主 梁				次 梁			
		上	中	下	底	上	中	下	底
Y 向最大位移/mm	9.5	6.5	6.9	7.6	8.3	6.5	6.8	7.5	8.7
最大等效应力/MPa	172.8	120.2	123.5	135.1	142.5	72.9	78.5	88.2	46.6

　　采用第四强度理论对钢闸门的强度进行验算，只有 Mises 等效应力必须小于构件的允许应力才能满足强度的要求。由表 6.4 得：在闸门主要的受力构件中，面板的应力值最大，为 172.8MPa，小于允许值 270MPa；主、次梁应力变化规律较为一致，最大应力均出现在梁的跨中部位，且主梁应力从上部到底部有增大趋势，峰值为 142.5MPa，小于 220MPa。除底次梁等效应力较小外，次梁应力从上部到下部有增大趋势，峰值为 88.2MPa，小于 220MPa。由于支撑约束的施加，闸门支撑部位出现了局部的应力集中现象，但是其高应力仍在材料允许值以下。综上，整个闸门结构的应力满足强度的要求。

　　依据设计规范规定，对于潜孔式闸门，其主梁的最大挠度与计算跨度的比值不应超过 1/750，次梁不应超过 1/250。由表 6.4 得：闸门结构整体的变形沿中心对称，发生最大位移的构件为面板，其峰值位于闸门底缘中心部位，为 9.5mm；主、次梁随着作用水头的增大，其变形也逐渐增大，但均未超过其允许值 12.8mm，因此闸门结构满足刚度的要求。

　　从以上的分析中可知，该闸门的设计已经符合相关规范的要求，且具有较大的安全富裕度。为了达到运行安全、经济最优的设计目标，建议通过修改属性参数及尺寸参数来调整闸门整体梁系布局及某些构件的尺寸，从而实现对结构的整体优化。

第 7 章 钢闸门 BIM 技术的深化应用及前景展望

7.1 智慧水电与智能闸门

7.1.1 概念的提出

近些年来，信息技术和计算机技术飞速发展，随着互联网、物联网、大数据、云计算、人工智能、5G 等信息技术的快速发展和演进，在各行各业触发了新的工业革命。传统水电站数据采集深度、数据传输效率、数据共享程度较低，各系统间存在数据壁垒，历史数据沉睡，资源浪费严重。为实现水利水电工程更加科学、高效、智能，智慧水电站应运而生，也迎来了水利水电业数字化、智能化建设的全新时代。

智慧水电工程以全方位、全过程、可追溯、智能化为特点，将物联网、大数据、云计算、人工智能等前沿技术与工程质量、安全、进度、成本、环保五大管控目标深度结合，实现了资源共享、信息互通，工程业主、施工、设计、监理等参建各方可准确掌握工程动态，横向打通了信息壁垒。建立了统一的机电设备信息管理库，从设计阶段到制造、安装、启动验收以及运维检修等各环节，各类设备的技术标准、质量记录、安装数据等资料全过程可追溯，确保工程建设与生产运营两阶段无缝对接，建管深度结合。

国内在建水利水电工程，例如白鹤滩、乌东德、双江口水电站、南水北调中线工程、引汉济渭工程、丰满重建工程等已开始智慧化实践和应用[76-77]。在数据采集、监测系统和网络建设层面，实现全景数据采集、实时在线监测和网络融合；在大数据系统建设及数据分析层面，利用统一云计算平台和大数据中心，实现数据资源深度挖掘，消除各系统信息间的孤岛；在智能系统和应用决策层面，实现故障预警辅助决策、设备状态智能分析、设备状态智能巡检。

在智慧电站建设的潮流下，数字大坝、智能大坝、智能电网、智慧运维等概念也相继而生。数字大坝与智能大坝实现了大坝施工过程全方位、可视化、实时在线监测，通过智能平台管理系统，实现工程建设智慧管控和科学管理[78]。智能电网利用信息通信技术、大数据和云计算等实现发电用电，电网及电力市场高效运行，并提高电力系统的自愈能力、可靠性和稳定性。智能运维从电站运行角度出发，对机电设备监控系统数据运用创新技术，促进电站效益和管理水平的全面提升[79]。

智能闸门管理系统基于物联网技术，目前已在水利灌区和引调水工程中得到应用[80]。智能闸门管理系统由感知层（边缘层）、网络层（IaaS 层）、平台层（PaaS）和软件应用层（SaaS）构成，其架构如图 7.1 所示。感知层即数据采集，由各种传感器和监控器组

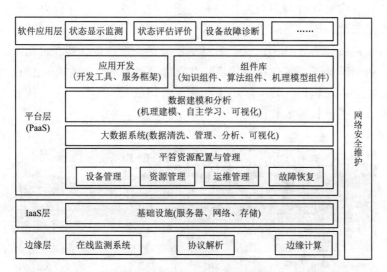

图 7.1 智慧闸门管理系统架构

成，通过基础数据采集和在线监测，实现闸门和启闭设备的系统感知。再通过无线通信等基础设施接入云端服务器，建立数据上传至平台或平台通过网络下达控制指令。在应用层，用户通过统一管理平台实现远程监控、闸门远程控制和智能决策，通过无人或少人管理实现智能闸门控制和合理调水。

7.1.2 闸门在线监测系统

电站工程金属结构设备众多，技术参数高，运行条件复杂。金属结构与设备的可靠性、安全性是电站安全运行的重要因素，因此，保证电站金属结构设备的安全运行是保证大坝安全的首要工作。在金属结构设备的全生命周期中，影响其安全运行的因素众多，归纳起来，闸门的运行环境、结构应力、结构变形、动态响应、启闭机运行状态、运行人员素质等是主要因素。

金属结构设备实时监测数据的缺乏限制了金属结构设备自动化运行控制技术的进步，成为制约水利水电工程"无人值班、少人值守"自动化运行的发展瓶颈。水利水电工程金属结构设备实时在线监测及运行安全管理系统的意义重大。

通过应用先进的科学技术手段和理论与实践结合的技术路线，建立金属结构在线监测运行安全管理系统，对金属结构设备的运行状态实施在线状态安全监测，建立闸门实时监控系统，可以实时监控金属结构设备的运行状况，准确地进行安全状况分析，得到具有参考价值的安全评价报告和预测分析结果，为制定安全对策提供可靠依据；借助闸门实时监控系统，掌握设备的"健康状况"，可准确、简便地进行设备检修、维护；通过金属结构设备实时监控系统，对有害趋势进行预估，提前预知缺陷的产生，有助于及时采取修正措施，预防事故的发生，从而增加和改进防范措施，提高对灾害事故的应变能力；最终，通过金属结构设备实时在线监控系统，实现金属结构设备自动化运行，为实现航运枢纽工程全自动化运行控制扫除障碍，真正实现"无人值班、少人值守"。对于水利水电工程金属结构设备的工作状况，要做到充分了解、及时分析、准确应对。

金属结构设备实时在线监测及运行安全管理系统（图 7.2）可分为 3 个子系统，分别为数据采集端子系统、服务器端子系统和客户端子系统。数据采集端子系统包括传感器、数据采集器、主机及传输线路等。该子系统主要负责采集各传感器获得信号，并将信号传输到上位机。服务器端子系统包括上位机、数据库及相应服务程序。上位机负责显示由数据采集端子系统获得的数据，数据库用于存储并管理数据。客户端子系统包括电脑客户端和手机客户端，用于远程显示数据。

图 7.2　金属结构设备实时在线监测及运行安全管理系统

7.1.3　闸门智能运维

电站信息化监控系统实现了闸门远程巡检、闸门远程启闭、设备状态分析、自动信息采集和图像实时监控等多项功能。将应力应变、振动、姿态及支绞扭矩等监测、网络传输、自动控制等技术应用于闸门及其启闭设备运行管理当中，实时掌握闸门的运行特性，建立可视化闸门运行管理系统（图 7.3），实现闸门设备在全生命周期内可靠、安全地运行，最终达到科学、高效、智能运维的目的。

7.2　基于 BIM 的水电工程项目全生命周期管理

7.2.1　水电工程项目的全生命周期

水电工程项目的生命周期包括水电工程的规划阶段、设计阶段、建设阶段和运营（使用）阶段，直至工程的拆除。

（1）水电工程的规划阶段。水电工程的规划阶段是指从工程项目构思到批准立项这一阶段。该阶段主要是从整体上考虑问题，提出工程项目总目标和总功能的具体要求。该阶段工作的实施主体是工程项目的投资者和建设单位。

（2）水电工程的设计阶段。工程项目设计阶段是指从工程项目批准立项到开始施工这

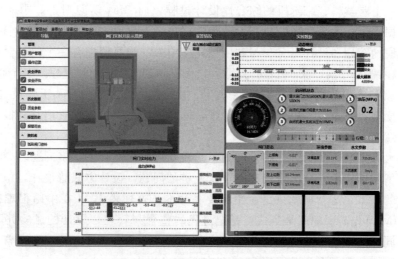

图 7.3 可视化闸门运行管理系统

一阶段。工作内容主要包括工程项目设计、工程项目计划、工程项目招标投标和各种工程项目施工前的准备工作。该阶段工作的实施主体是工程项目的设计单位、建设单位和相关单位（如提供工程项目设计咨询服务的监理单位或者工程项目管理单位）。

（3）水电工程的建设阶段。该阶段主要指工程项目的施工建造阶段，包括从工程项目开始施工到工程项目建成、通过竣工验收并交付使用为止。该阶段工作的实施主体是施工单位和相关单位（如提供工程项目监理咨询服务的监理单位或者工程项目管理单位）。

（4）水电工程的运营（使用）阶段。工程项目的运营（使用）阶段是指工程项目开始发挥生产功能或者使用功能到工程项目终止使用这一阶段。该阶段工作的实施主体是工程项目建设单位或者工程项目投资者。

（5）水电工程的拆除处置与再利用阶段。该阶段是工程项目实施阶段的逆过程，发生在工程项目无法继续实现工程项目原有价值或因拆迁等原因不得不被拆除时。该阶段的实施主体是施工单位和相关单位（如建筑材料的再利用单位）。

7.2.2 BIM 在水电工程全生命周期管理中的应用

现代工程项目管理强调的是对整个工程生命周期的控制，可以利用 BIM 技术实现现代工程项目管理的信息化、数字化。现代工程项目管理的理念是根本，BIM 是技术手段，将 BIM 作为工程信息的载体，可以将各种技术信息和管理信息全部集中到这个载体上，进行多方面的考虑，利用 BIM 的三维一体化可以将 PDCA 更好地运用于工程。工程的本质是为人服务，也就是现代项目管理理论的核心：以人为本，天人合一，协同创新，共建和谐。要实现这一点运营很关键，它直接决定了一个项目的成败。

BIM 最重要的意义，在于它重新整合了工程设计的流程，其所涉及的工程生命周期管理，又恰好是现代项目管理所关注和影响的对象。现代项目管理脱胎于传统项目管理，但又有革命性的不同。其设计已经不单单是设计，不仅要考虑设计本身的可行性，还要考虑施工阶段的可执行性，更要关注运营阶段的合理性和可持续性。现代项目全生命周期的设计已经是一个跨学科、跨阶段的综合性设计过程，而 BIM 模型则正好顺应此需求，实现了单一数据平台上各个工种的协调设计和数据集中。同时结合项目管理软件加入 4D 信息，使跨阶段的管理和设计完全参与到信息模型中来。当我们拥有一个信息含量足够丰富的工程信息模型的时候，我们就可以利于它做任何我们需要的分析。一个信息完整的 BIM 模型中就包含了绝大部分工程性能分析所需的数据。这不光有利于建设过程的管理，减少了工程变更，更方便了后期的设施管理，同时这作为组织过程资产对其他工程的建设都具有指导意义。

国家正大力推动工程信息化的发展，但是现在国内仍然存在很多问题。

（1）国情问题。由于中国市场和经济产业链的问题，设计方只管设计，施工方只注重施工和己方的成本，运营期就只是业主所要关注的。这使得 BIM 在中国很难得到好的发展，因为 BIM 首先需要的就是集成，是全过程的整合与管理。设计的成功并不意味着项目的成功，同样施工过程的成功也并不意味着成功，必须将设计、施工、运营等工程项目的整个生命周期全都整合起来，共同协调和管理。根据系统论的观点就是一加一将远大于二。

（2）成本问题。成本永远是业主和承包方最关心的问题。运用 BIM 进行项目全生命周期的管理，特别是前期，一定会加大成本，而且现在中国 BIM 人才紧缺，技术不成熟，使得业主对 BIM 更存在抵触的情绪。BIM 需要的是协同与合作，单独在一个阶段使用 BIM 开展信息化管理显得有点多余，还会提高成本，因而业主、设计方、施工方都不愿意在工程项目中施工 BIM 技术。

（3）伪 BIM。现在 BIM 在中国已经十分火热了，特别是"十二五"规划发布之后 BIM 开展得更是如火如荼。但在国内 BIM 等于模型，就等于建模软件，但 BIM 不是为了建模，模型不过一个中间产物，它是服务于项目全生命周期、开展信息化管理的手段。

当前，国家对工程行业的大力整顿、市场经济的快速发张等都将带动 BIM 在现代工程项目信息化管理中的运用。首先，必须学习和借鉴国际上先进的现代项目管理理论和 BIM 技术，从理论和技术入手实现 BIM 在现代工程项目信息化管理中运用的科学化、规范化、程序化、制度化。其次，要建立健全法律、法规和完善市场经济制度以及经济产业链，虽然目前我国工程市场还比较混乱，十分不规范，但随着国家对工程市场日益关注，建设行政主管部门相继颁布了系列政策、规程和规范，如《建设工程监理规范》和《建设工程项目管理规范》等，旨在建立一套适合我国国情的现代项目管理体系。最后，BIM 对于现代工程项目管理最大的优势在于，它作为一个平台，包含了该工程几乎所有的信息，全生命周期各个阶段的管理业是建立在这个基础之上的。

（1）方案阶段：根据业主的要求建立 BIM 模型，将 BIM 模型应用到工程方案，实现三维可视化，更有助于满足业主的要求，提高沟通效率。

（2）设计阶段：BIM 重新整合了工程设计的流程，包括工程、结构、暖通、电气等方面，使其在实现绿色设计、可持续方面具有鲜明的优势。其协同设计功能，实现了单一数据平台上各个工种的协调设计和数据集中，同时结合 4D 信息，使跨阶段的管理和设计完全参与到信息模型中来。

（3）实施阶段：建立三维施工图模型，作为工程信息的载体集成了工程项目施工阶段的各种内部和外部信息，大大提高了信息的使用效率，避免了重复劳动，减少能源和材料的浪费，提高工程质量，降低工程成本。此外，BIM 技术还可以提前后期施工的工程各项物理信息，以便对有可能出现的不利于施工的因数和风险采取有效的预防措施。

（4）运营阶段：作为现代工程项目管理最为重要的阶段，它直接决定了该工程的成败。设施管理综合利用利用管理科学、工程科学、行为科学和工程技术等多种学科理论，将人、空间与流程相结合进行管理。设施管理服务于工程全生命周期，在规划阶段就充分考虑建设和运营维护的成本和功能要求。运用 BIM 技术，可实现运营期的高效管理。

7.3　基于 BIM 的钢闸门全生命周期管理

7.3.1　钢闸门的全生命周期管理

近年来，水电工程全生命周期管理的应用发展迅猛，水工钢闸门作为水电工程中的重要的设备之一，也应满足水电工程全生命周期管理的要求，开展设备的全生命周期管理。

传统的设备管理主要是指设备在役期间的运行维修管理，其出发点是设备可靠性，具有为保障设备稳定可靠运行而进行的维修管理的相关内涵。包括设备资产的物质运动形态，即设备的安装、使用、维修直至拆换，体现出的是设备的物质运动状态。资产管理更侧重于整个设备相关价值运动状态，其覆盖购置投资、折旧、维修支出、报废等一系列资产寿命周期的概念，其出发点是整个企业运营的经济性，具有为降低运营成本，增加收入而管理的内涵，体现出的是资产的价值运动状态。

现代的设备全寿命周期管理以生产经营为目标，通过一系列的技术、经济、组织措施，对设备的规划、设计、制造、选型、购置、安装、使用、维护、维修、改造、更新直至报废的全过程进行管理，以获得设备寿命周期费用最经济、设备综合产能最高的理想目标。

设备的全生命周期管理包括 3 个阶段：

1. 前期管理

设备的前期管理包括规划决策、计划、购置、库存直至安装调试、试运转的全部过程。

（1）采购期：在投资前期做好设备的能效分析，确认能够起到最佳的作用，进而通过完善的采购方式进行招标比价，在保证性能满足需求的情况下进行最低成本购置。

（2）库存期：设备资产采购完成后，进入企业库存存放，属于库存管理的范畴。

（3）安装期：此期限比较短，属于过渡期，若此阶段没有规范管理，很可能造成库存期与在役期之间的管理真空。

2. 运行维修管理

运行维修管理包括防止设备性能劣化而进行的日常维护保养、检查、监测、诊断以及修理、更新等管理，其目的是保证设备在运行过程中经常处于良好技术状态，并有效地降低维修费用。在设备运行和维修过程中，可采用现代化管理思想和方法，如行为科学、系统工程、价值工程、定置管理、信息管理与分析、使用和维修成本统计与分析、ABC 分析、PDCA 方法、网络技术、虚拟技术、可靠性维修等。

3. 轮换及报废管理

（1）轮换期：对于部分可修复设备，设备定期进行轮换和离线修复保养，然后继续更换服役。此期间的管理对降低购置及维修成本，重复利用设备具有一定的意义。

（2）报废期：设备整体已到使用寿命，故障频发，影响设备组的可靠性，其维修成本已超出设备购置费用，必须对设备进行更换；更换后的设备资产进行变卖或转让或处置，相应的费用进入企业营业外收入或支出；建立完善的报废流程，以使资产处置在账管理，既有利于追溯设备使用历史，也利于资金回笼。至此，设备寿命正式终结。

7.3.2　BIM 在钢闸门全生命周期管理中的应用

为了达到对钢闸门全生命周期的合理管理，必须基于 BIM 技术辅助实现对闸门从规划、设计、制造、选型、购置、安装、使用、维护、维修、改造、更新直至报废的管理。本书将从以下几个方面来探讨 BIM 在钢闸门全生命周期管理中的应用：①基于 BIM 的钢闸门设计制造管理；②基于 BIM 的钢闸门过程跟踪管理；③基于 BIM 的钢闸门施工仿真管理；④基于 BIM 的钢闸门智能控制管理；⑤基于 BIM 的钢闸门运行维护管理。

7.4　基于 BIM 的钢闸门设计制造管理

随着计算机技术及应用的迅速发展，特别是大规模、超大规模集成电路和微型计算机的出现，计算机图形学（computer graphics，CG）、计算机辅助设计（computer aided design，CAD）、计算机辅助工程（computer aided engineering，CAE）与计算机辅助制造（computer aided manufacturing，CAM）等新技术得以十分迅猛的发展。CAD、CAM 已经在电子、造船、航空、航天、机械、建筑、汽车等各个领域中得到了广泛的应用，成为最具有生产潜力的工具，展示了光明的前景，取得了巨大的经济效益。当前，在钢闸门行业领域中，CAD/CAE 一体化已经广泛应用，而与 CAM 一体化的工作尚在探索中。

7.4.1　基于 BIM 的钢闸门 CAD 应用

基于三维模型的产品设计与制造已成为我国制造业的主流模式。由于产品三维模型具有可视化、数字化和虚拟化等特点，基于 BIM 的钢闸门的 CAD（此处泛指钢闸门的数字化设计）成为产品开发各环节（CAD、CAE、CAM 等）不可或缺的基础载体。钢闸门数字化设计相比于传统设计能在很大程度上提升闸门的设计效率，提高设计产品的质量，缩短设计周期，数字化设计也是解决传统设计问题的重要手段。

研究和统计分析表明，在新产品开发中，约 40% 是重用过去的部件设计，约 40% 是对已有设计部件的微小修改，而只有约 20% 是完全新的设计。因此，方便、准确、快速地获取已有产品三维模型的相似性设计成果，并加以有效重用，是提高设计效率、缩短产品开发周期的关键，通过三维模型检索技术可以实现企业产品三维模型资源的多粒度、精确化、个性化快速聚类，为产品设计过程中各类设计成果的重用提供一种全新的支持手段。迄今为止，在通用领域已有 30 多种检索算法被相继提出，但是由于模型的特殊性，如模型由规则的点、线、面及自由曲面组成，包含很多特征及语义信息，边界轮廓线明显等特点，通用领域的检索算法不完全适合于领域。

三维模型检索技术利用能够反映模型文本、形状、特征及语义的信息自动建立索引，从而达到检索三维模型的目的。其通常包括模型库组织、预处理、特征提取、相似性度量、索引结构、用户查询接口、相关反馈等多项关键技术。

三维模型检索首先从模型中自动计算并提取特征信息，建立模型的信息索引，然后在多维索引空间中计算待查询模型与目标模型之间的相似程度，实现对三维模型数据库的浏览和检索。

7.4.2　基于 BIM 的钢闸门 CAD/CAE 一体化

从广义上说，计算机辅助工程 CAE 包括很多，从字面上讲，它可以包括工程和制造业信息化的所有方面，但是传统的 CAE 主要指用计算机对工程和产品进行性能与安全可靠性分析，对其未来的工作状态和运行行为进行模拟，及早发现设计缺陷，并证实未来工程、产品功能和性能的可用性和可靠性。这里主要是指 CAE 软件。CAE 软件可以分为两类：针对特定类型的工程或产品所开发的用于产品性能分析、预测和优化的软件，称为专用 CAE 软件；可以对多种类型的工程和产品的物理、力学性能进行分析、模拟和预测、评价和优化，以实现产品技术创新的软件，称为通用 CAE 软件。CAE 软件的主体是有限元分析（finite element analysis，FEA）软件。本书中，着重以 ANSYS 软件为例，阐述钢闸门的 CAD/CAE 一体化。

鉴于当前闸门传统设计工作中存在的设计方法不够先进合理，设计任务量大、效率低，设计与数字化工程建设需求脱节等问题，同时考虑到现有研究成果难以满足生产高效、功能多样化的需求，在闸门传统设计方法的基础上，结合 BIM 理论及有限元分析方法，在结构安全经济相统一的前提下，能最大程度上提高闸门的设计效率，提升设计产品质量，并能为今后相关结构工程数字化设计提供技术参考。

传统钢闸门设计中基本经历了从资料收集与分析、闸门的选型与布置、闸门门体及零部件设计计算到图纸绘制等过程，而钢闸门数字化设计分析方法也是在继承以上传统设计过程的基础上，将 BIM 模型技术与结构有限元分析功能融入，从而实现了计算方式与出图方式的实质性转变。

根据钢闸门的构造特征及设计基本要求，探索形成了一套技术可行，使用方便、高效的钢闸门数字化设计分析方法。简言之，钢闸门数字化设计分析方法是在闸门初步设计的基础上进行有限元分析，并以分析结果反馈指导修改设计，最终完成产品定型的过程。这个过程的实现的关键在于 BIM 建模方法、模型转换方法及结构有限元分析方法的合理运用。图 7.4 展示了弧形闸门的 CAD/CAE 一体化分析流程。

7.4.3　基于 BIM 的钢闸门 CAD/CAM 一体化

在钢闸门行业领域中，由于钢闸门工艺复杂等因素，基于 BIM 的钢闸门 CAD/CAM 一体化尚在探索中。本书着重介绍 CAD/CAM 一体化的理论基础。

计算机辅助制造 CAM 利用计算机对制造过程进行设计、管理和控制。一般说来，计

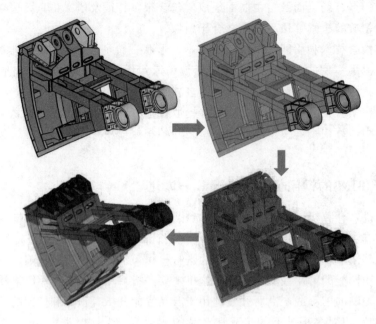

图 7.4　钢闸门 CAD/CAE 一体化

算机辅助制造包括工艺设计、数控编程和机器人编程等内容。工艺设计主要是确定零件的加工方法、加工顺序和所用设备。近年来，计算机辅助工艺设计已逐渐形成了一门独立的技术分支。当采用数控机床加工零件时，需要编制数控机床的控制程序。计算机辅助编制程序不但效率高，而且错误率很低。在自动化的生产线上，采用机器人完成装配相传送等项任务。利用计算机也可以实现机器人编程。

计算机辅助设计和计算机辅助制造关系十分密切。刚开始，计算机辅助几何设计和数控加工自动编程是两个独立发展的分支。但是随着它们的推广应用，二者之间的相互依存关系变得越来越明显了。设计系统只有配合数控加工，才能充分显示其巨大的优越性。另一方面，数控技术只有依靠设计系统产生的模型才能发挥其效率。所以，在实际应用中二者很自然地紧密结合起来，形成了计算机辅助设计与制造集成系统。通常，CAD/CAM 系统指的就是这种集成系统。在 CAD/CAM 系统中，设计和制造的各个阶段可利用公共数据库中的数据。公共数据库将设计与制造过程紧密联系为一个整体。数控自动编程系统利用设计的结果和产生的模型，形成数控加工机床所需的信息。CAD/CAM 可大大缩短产品的制造周期，显著提高产品质量，从而产生巨大的经济效益。

计算机在设计和制造中的辅助作用主要体现在数值计算、数据存储与管理、图样绘制3 个方面。

计算机作为计算工具使用的优越性显而易见。人工计算容易发生错误的问题在这里得到了完全的克服。许多需要多次迭代的复杂运算，只有用计算机才能完成。一些设计分析方法、例如优化方法、有限元分析，离开计算机便难以实现。计算机作为计算工具提高了计算精度，保证了结果的正确性。

计算机可靠的记忆能力使其能够在数据存储与管理方面发挥重要作用。例如，常规设计时，设计人员必须从有关的技术文件或设计手册中查找数据，不但费时，而且容易出错。使用 CAD/CAM 系统时，标准的数据存放在统一的数据库中，检索存储方便迅速。有了数据库，设计人员便不再需要记忆具体的数据，也不必关心数据的存储位置，可以全神贯注于创造性的工作。

图样是工程的语言，是人们交流思想的工具。虽然 CAM 将使图样在制造中的作用逐渐消失，但图样在审查设计方案、检验产品等方面的作用仍将存在。图样的绘制工作占整个设计工作量的 60％以上，因此计算机绘图是对设计工作的有力辅助。这就是计算机绘图被广泛使用的原因。另外，实际设计中很大一部分图样只是在现有设计的基础上加以局部修改。图形数据一旦存储于图库之中，可以重复使用，也可以进行修改与编辑，以产生新的图形。

7.5　基于 BIM 的闸门过程跟踪管理

基于 BIM 的钢闸门过程跟踪管理涵盖了闸门设计制造以后，从采购计划、招标、制造、安装至试运行期间，即建设期与钢闸门相关的全过程的信息管理。

7.5.1　过程跟踪管理

（1）采购招标：在建设部内部生成并流转招标设计文件及其他资料，其中立项审批表及其他资料传递给招投标管理系统，在招投标系统中完成评标、开标、决标等过程，过程信息及中标结果资料传递归档存储。

（2）监造管理：实现闸门监造的工作流程、工作报告、质量见证点跟踪、材料统计和检验记录等信息化管理；达到监造相关业务在系统中流程可跟踪、可追溯，工作报告、质量见证点、监造过程材料统计和检验等信息可管理和查询，并可对监造相关信息进行统计分析。记录设备制造过程中在建设部、设备制造公司内部生成、流转及储存的制造过程信息，包括技术变更、进度调整、商务变更等记录以及技术文件资料。设备制造驻厂监造负责在本系统中记录设备制造过程中的质量和进度信息，同时接收制造厂提交的技术资料，定期填报各类报告和工作总结，上报给住房城乡建设部。

（3）验收管理：实现验收项目标准化，验收流程规范化；实现验收专家库管理，并实现验收人员工作范围和职责的管理；实现制造厂提供的质量数据是否符合相应标准、验收数据是否符合标准、设备制造质量等级等系统自动审核评判；实现对设备制造厂制造能力的综合评价；实现验收数据的统计分析导出，并能生成验收纪要。

（4）运输和仓储管理：系统实现从设备到货、验收、调拨以及设备部件仓库库存记录等信息管理；实现闸门从验收后出厂到现场调拨出库之前的运输和仓储过程跟踪管理，包括设备的包装、发运、运输、现场接收、开箱验收、调拨出库、移库、退库、盘存等过程的信息录入、查询等。要求在箱件和设备两个层面上实现跟踪管理。

此外，可以采用物联网技术，将整理完备的闸门信息（包括监造信息、进场信息、进场验收情况、型号、名称、注意事项等）进行标准化编排，并按特定的规律制成二维码，在二维码固有信息基础上，预留自定义位置，管理人员可以通过手机 APP 自行填写备注说明、注意事项等内容，且管理平台数据能够自动动态更新，快捷地实现物资设备数据管理。

（5）安装管理：主要实现对闸门安装过程中各单元工程及所含工序的质量验收表格的管理；实现对质量验收表格数据录入、审核及会签的管理，实现单元工程、施工工序质量验收的自动评定，实现对特定人员在指定位置、规定时间内完成质量验收表格数据录入和质量管控的管理。编制施工组织设计报告，经建设部审批流程后，对设备的安装工作按分部、分项、单元工程质量单元进行划分分解，制定质量检查标准和进度计划，安装监理对安装进度和质量进行管理。其中闸门安装质量的记录质量检查单（QCR）及其他质量评定资料通过现场智能终端 APP 实时填报生成，还包括安装完成后记录设备的实验数据，发起初步验收审批流程，记录初步验收证明等资料。

（6）设备移交：机组设备在完成有水调试后正式移交运行维护阶段，发起设备移交审批流程，并归档移交的技术资料，便于在设备运行过程中追溯和查询。

7.5.2　基于 BIM 的闸门全过程信息跟踪管理

根据闸门 BIM 轻量化模型，基于模型的统一编码以及二维码技术，对闸门的制造、监造、验收、运输、仓储、安装调试进行全过程信息跟踪。

将 BIM 模型以及跟踪信息与流程管理相结合，实现数据的双向深度融合，可以根据闸门的跟踪信息确定闸门的流程阶段，自动推送进行下一步流程操作，也可以根据流程阶段的要求对 BIM 模型信息不断完善，能够为闸门的流程化管理提供依据，简化管理流程，也能够不断充实 BIM 数据信息。

基于 BIM 的过程跟踪管理以工程三维模型为信息载体，以数据信息对象编码为纽带，建立模型与动态信息之间的关联关系，对数据信息和组织结构进行统一定义，形成基于一个模型、一套数据、一个数据库数据系统，能够构建数据全面、组织有序、服务于闸门过程跟踪管理的系统，为运维移交提供全流程信息的模型数据。

7.6　基于 BIM 的钢闸门施工仿真管理

7.6.1　基于 BIM 的钢闸门安装组织计划仿真管理

要编制出最优的设备安装施工组织计划，编制人员需要具备较高的综合素质和丰富的经验，而且工程项目外部和内部环境会经常发生变化，需要经常对计划进行适时调整。方案仿真优化着重于减少施工安装组织计划编制和调整的工作量及复杂度，并且提高施工安装组织的合理性和精确度，最终提升安装的服务协调和管理水平。

通过 BIM 技术的应用，基于 BIM 模型，综合考虑工程的自然条件、资源（工人、主材、机具）投入、目标工期、施工流程、经济效益等因素，进行施工安装过程的可视化模拟，并对方案进行分析和优化，提高方案审核的准确性。通过 BIM 技术的应用，改进施工组织，提高设备利用率，减少材料和备件库存，利用 BIM 数据进行构件加工，减少中间环节，提高加工效率和精度，提升施工组织水平。通过 BIM 技术的应用，结合运筹学、AI 算法，通过工程施工 BIM 仿真模型数据，来运筹控制工程施工过程、机械设备投入、材料供应及运输等各个施工环节；并对仿真模拟出的施工进度计划进行分析，动态查询及优化调整施工资源配置、施工强度和进度计划，提供更加合理的施工组织计划、资源和设备投入安排，从而提升工程项目的服务协调与管理水平。

7.6.2 基于 BIM 的钢闸门施工工艺管理

当今的钢闸门大多数采用钢结构组装、焊接成型，钢闸门制造的重点和难点在于对制造工艺和焊接工艺的控制。

基于 BIM 的钢闸门施工工艺管理能够实现对闸门安装的工作原理、结构特点、典型操作步骤、操作要点等内容进行虚拟仿真模拟；对拆卸、安装顺序以及检修要点及部件的装配等内容进行虚拟仿真模拟；对结构特点查看、典型操作步骤、操作要点查看、拆卸安装顺序、检修要点查看和部件装配和调试功能，实现运行、检修人员的在线模拟培训。

基于 BIM 三维模型，能够利用移动旋转模型、骨骼动画、帧动画、相机位置变化等功能，实现关键工序的可视化虚拟仿真，并可在动画过程中配置语音解说，最终生成虚拟仿真视频文件或可交互式三维场景，达到关键工序的虚拟培训目的。

7.7 基于 BIM 的钢闸门智能控制管理

7.7.1 基于 BIM 的钢闸门智能控制原理

基于 BIM 的钢闸门智能控制管理主要是通过计算机监控系统检测所到达闸门的上/下游水位、上游流域的来水流量、库区的库容、闸门荷重、闸门启闭状态与开度、图像信息自动化采集与传输，实现在监控中心远程控制闸门启闭以及闸门手自动控制；并通过实时图像监测直观了解闸门的运行工况以及周边环境；控制系统原理如图 7.5 所示。

通过闸门开度仪实时采集闸门的开度，通过闸门荷重仪实时采集闸门荷重。操作员通过软件系统直接控制闸门，提高了自动化控制程度，并减少了闸门动作过程中的人工误差。结合远程图像监控系统，将闸门现场的图像信息和数据信息在同一操作界面上直观地显示出来，互为印证，完成了在操作界面上的所见即所得，所得即所见的双重保证。通过设置上限水位或下限水位，可选择多种方式有效地提示操作员，操作员可在此时进行自主的操作。

7.7.2 现地控制单元

现地控制单元采用 PLC 完成对闸门的逻辑控制。PLC 首先从闸门现有的参数，如闸位、机械上/下限位、电子上/下限位、按钮输入、闸门是否有运行机械故障报警等判断现有的工况，然后通过控制指令和逻辑运算使闸门完成操作。在软件上考虑闸门上升、下降时的逻辑互锁和反向延时以防止闸、阀的机械和电气冲击，上升、下降时左右的闸位高度是否达到纠偏要求，是否超差等，所有这一切都通过 PLC 内的梯形图软件编程来实现。

闸门测控仪根据从安装在闸门两端的光电闸门开度传感器传来的闸位信号，判断闸门现在的实际位置与状态，如是否已到指定位置、左右是否超偏、闸门上/下限位置、是否

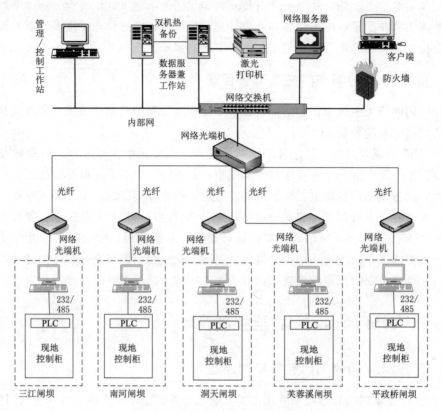

图 7.5 闸门自动控制系统示意图

正在运行等。然后，根据面板操作设定及按钮操作或监控中心闸门监控计算机运行指示给 PLC 发出运行、到位、停止、自动纠偏和限位停车等指令。

PLC 这些功能由硬件和程序软件来实现。所有 PLC 通过总线通信接口与监控中心闸门监控计算机构成一主多从结构的通信系统，完成上位机发出的采集和控制指令。

监控中心计算机通过应用软件直接监控、监测闸、阀的状态，并控制闸、阀到设定开度；现地控制柜中的测控仪和 PLC 直接控制闸阀，并响应上位机的控制命令、采集命令，组成分布式系统，共同完成闸门的监控。

7.7.3 上位机管理

1. 数据采集监视

通过协议与前端 PLC 通信，即时地接收 PLC 返回数据，实时、周期性地采集水位数据及闸门开度/开关情况数据。软件会自动检查数据合法性，并进行分类处理，用户则能够及时、安全、准确地读取各闸门上的监测数据以及闸门设备的工作状态，并能根据要求发出监控指令或进行自动存储或实时显示。

2. 预警报警

根据采集的数据进行分析，当系统发现收集到的水位接近汛限水位或库容水位时进行提示告警，达到预警效果，提高监控质量。当监控对象设备故障，闸门发生电器故障、通信故障、传感器故障等问题时，系统会根据管理预定的设置报警，并根据报警信息分析存储报警类别，使系统具有事故追忆功能，方便日后故障查询以及设备检修。

3. 闸门控制

闸门现地控制应用协议与前端 PLC 通信，并发送相应的控制指令，可实现闸门的实时控制，远程设定闸门开度，控制闸门上升、下降、停止，同时在软件上形象地显示监控界面，显示全部闸门的运行状况，并可观看对应闸门的视频图像。相比以往的传统手动控制，此功能提高了闸门控制的准确性，并且能够即时直观地观察到闸门开度等准确数据，提高了闸门控制的安全性以及可见性，节省了很大一部分人力开销。

4. 数据的管理

由上位机监控、管理软件完成各种实时数据的处理、筛选、汇总、分析，把筛选后的重要数据存储到对应的数据库，代替了传统的手工录入方式，大大地减少了人力开销，把错误的出现概率降低到最低。这些数据都能被系统其他功能模块灵活地读取，模块可根据数据库中的数据，完成各种历史数据报表、数据报警信息的查询，系统日志查询等等一系列相关的功能，并能依此完成各种图表、曲线的绘制。数据良好的管理方式可以说是支撑本系统正常运行的一个关键所在。

7.8 基于 BIM 的钢闸门运行维护管理

水利水电工程闸门（水工闸门）在工农业生产方面有很大的作用，同时在防汛抗旱方面的作用也不可忽视。水工闸门在经历了长时间的运行后，会受到自然条件、自身材料等因素的影响，危险系数会逐渐增高，因此，为了防止安全事故的发生，需要采取必要的措施来提高水工闸门的运行与管理工作，从而有效地确保工程的安全运行。

7.8.1 闸门运行过程中容易出现的问题

1. 闸门振动管理

闸门是大型水闸工程的重要组成部分，在大型水工闸门中会经常出现闸门振动的现象。闸门振动现象主要是由水流不平稳造成的。对于闸门振动问题的管理，首先要经常观察闸门的情况，积累经验，从而避开闸门与动水接触的部位；其次要定期检查闸门的结构，并及时维护。在汛期闸门启动比较频繁，要经常检查闸门上下桁架与纵梁交叉处的螺栓有无松动现象。同时要定期对闸门做详细的检查，出现问题及时维修，保证闸门的安全运行。

2. 双吊点闸门变位管理

如果双吊点闸门出现了变位的现象并不及时处理，就会出现闸门的侧向偏移，可能会妨碍闸门的启动，甚至出现闸门被卡死的情况，从而引起安全事故。对双吊点闸门变位进行管理，主要是对闸门进行经常性的检查。若双吊点卷扬式启动机同一绳鼓上的左右绳槽的底面直径误差过大就会造成闸门的左右倾斜，这时要使用环氧树脂和玻璃钢布进行粘贴来补齐直径较小的绳槽，从而保证绳槽的直径相同。若绳鼓的锥度、弯曲度等不符合设计要求，必须将其更换，从而保证闸门运行的安全性。

3. 闸门滚轮的管理

闸门滚轮主要工作在水下或潮湿的环境中，这会导致轴与轴承之间出现锈蚀现象。锈蚀物的出现，会使滚轮的摩擦力大大增加，甚至会使滚轮不转动。如果加大启动闸门时的作用力强制启动闸门，会引起门体抖动，从而导致其他安全问题的发生。对闸门滚轮锈蚀卡阻问题进行管理，要对闸门勤检查、勤维护，多方位地提高管理人员的综合素质，提高闸门操作人员的工作责任心。

7.8.2　钢闸门运行维护管理的主要内容

基于 BIM 的钢闸门的运行维护管理主要体现在以下几个方面：

1. 基于 BIM＋物联网的安全监测信息管理

在水电站运行期间，水工钢闸门上均设有压力、变位等相关的安全监测仪器，从现场自动化监测和控制系统中，获取各监测对象的历史和实时数据，建立各类历史状态数据的数据库，方便实现数据查询、统计、展示功能。

从各监测平台获取数据时，将各监测项的实测值与阈值进行比较，当数据达到阈值的某个百分比后，将产生对应级别的预警信息（如 80％，黄色；90％，橙色；100％，红色）。预警信息将自动发布到消息服务器中，各前端用户将会在平台中实时接收到预警提示信息。历史预警记录在平台数据库中存储，方便用户对历史的预警记录进行追溯、统计、分析。

将 BIM 模型与监测信息集成关联，在三维模型中选中某个仪器，将能够获取该仪器的类型以及监测值等，便于安全监测信息的查阅、分析。

2. 基于 BIM＋信息化的检修维护管理

在基于 BIM 的钢闸门过程跟踪管理的基础上，开展基于 BIM＋信息化的检修维护管理。在前面章节介绍的过程跟踪管理中，BIM 模型已承载了闸门安装试运行前的全部信息，如闸门尺寸、规格、厂家、属性等信息。在检修维护管理过程中，某闸门 BIM 模型可在系统中生成与模型对应的标准的检修维护单，检修人员接收检修维护单后，可参考闸门安装试运行前的全部信息，综合判断闸门的安全隐患部位、原因及问题，填写在同一个 BIM 模型中，待隐患排查后或安全问题解决后，填写解决办法及效果评价等，实现安全的闭环管理过程，并将整个安全管理过程集成在 BIM 模型上，为后期的闸门运行管理提供了宝贵的数据资料，也充分体现了 BIM 模型信息承载的特点。

7.9　钢闸门全生命周期管理前景展望

"中国制造 2025"作为中国工业未来 5 年的行动纲领、顶层设计，预示着中国工业转型将迎来大突破、大提速。"互联网＋"推动了以云计算、物联网、大数据为代表的新一代信息技术与现代制造业、生产性服务业等的融合创新，发展壮大新兴业态，为产业智能化提供支撑，促进国民经济体制增效升级，就是实现"中国制造 2025"三步走目标第一步的强有力工具。从设备管理的角度来看，互联网＋设备管理也将是设备管理未来发展大趋势的风口。钢闸门作为重点设备之一，更要响应这一发展大趋势，积极践行互联网＋闸门全生命周期管理。

基于云服务的互联网＋闸门全生命周期管理是以闸门管理为基础，结合大数据、云计算技术，以提升全生命周期价值为出发点，实现闸门管理从被动维护到主动维护和掌握全局转变的一套系统。它实现从核心业务的信息化发展到管理环节的闭环管理，利用信息化带来的创新服务和创新模式，完善管理服务体系，提供管理精益化水平，创新设备维护手段和模式，促进管理业务模式创新和组织变革。

"互联网＋闸门"全生命周期管理通过 BIM、物联网、移动互联、信息化、大数据等先进技术辅助维护和管理功能的提升，实时获取和监控状态信息，实现闸门的规划、设计、制造、选购、安装、调试、使用、维护、大修改造直至报废的全生命周期的监测、追溯、诊断、维护等在线服务模式。通过大数据技术，基于海量数据的统计分析，形成各类专业报表、报告以促进管理的持续优化、改进。在此基础上，逐步形成业内协作共享的一体化管理策略，并逐步向全行业、全产业链拓展，实现设备需求、备件资源、金融物流、智力资源、维护服务等资源的整合优化，降低业务成本。

水工钢闸门等设备需建立一套全新的管理模式，主要研究方向如下：

（1）以三维专业协同设计并集成 CAD/CAE/CAM 环境，完成各阶段闸门设计、分析、制造和资源管理，并形成设备相关装配部件、产品的基础信息资源库。

（2）基于三维在线可视化交互技术的闸门设备数据信息文档交付平台，支持设计资料，包括二维图纸、三维设备模型、制造安装过程等信息在线查看浏览，以及面向设备的参建各方在线信息沟通、技术交底、工期跟踪等。

（3）探索基于二维码识别技术和互联网＋技术的移动设备管理模式，解决设备在制造生产、出厂检验、运输安装、调试运营各阶段、多地点的过程跟踪管理、设备身份识别易混乱的问题。

（4）基于在线监测系统和人机工程学虚拟运维系统的金结设备运维安全决策平台，支持工程各部位金结设备的实时监测、虚拟操作培训、运行操作警示和安全报警等，提升运维人员在金结设备优化管理、安全运行、巡视检修方面的可视化、智能化水平。

最终可形成水利水电工程钢闸门数字化全过程管理平台，提升机电设备全生命周期数字化管理能力和管理效率，并对水利水电工程安全运行提供智能化决策依据。

参 考 文 献

[1] 王熹，王湛，杨文涛，等. 中国水资源现状及其未来发展方向展望 [J]. 环境工程，2014，
32（7）：1-5.

[2] 王正中. 水工钢结构 [M]. 北京：黄河水利出版社，2010.

[3] 白庶，张艳坤，韩凤，等. BIM 技术在装配式建筑中的应用价值分析 [J]. 建筑经济，2015，
36（11）：106-109.

[4] Eastman C，Teicholz P，Sacks R，et al. BIM Handbook [M]. New Jersey：John Wiley & Sons
Inc.，2008.

[5] 何清华，钱丽丽，段运峰，等. BIM 在国内外应用的现状及障碍研究 [J]. 工程管理学报，
2012，26（1）：12-16.

[6] 贺灵童. BIM 在全球的应用现状 [J]. 工程质量，2013，31（3）：12-19.

[7] 纪博雅，戚振强. 国内 BIM 技术研究现状 [J]. 科技管理研究，2015（6）：184-190.

[8] 朱记伟，蒋雅丽，翟塈，等. 基于知识图谱的国内外 BIM 领域研究对比 [J]. 土木工程学报，
2018，51（2）：113-120.

[9] 何关培. BIM 总论 [M]. 北京：中国建筑工业出版社，2011.

[10] 陈辰. 基于 BIM 技术的建筑节能设计软件系统研制 [J]. 科技视界，2018（23）：27-28.

[11] 何波. BIM 软件与 BIM 应用环境和方法研究 [J]. 土木建筑工程信息技术，2013，5（5）：1-10.

[12] 金戈. 浅谈日本机电 BIM 软件及其应用 [J]. 土木建筑工程信息技术，2012（3）：33-44.

[13] 蔺鹏臻，韩旺和. 基于 BIM 技术的混凝土桥梁耐久性分析软件开发 [J]. 铁道工程学报，2021，
38（3）：80-85.

[14] 吴雨婷，于娟，王爱英，等. 基于 BIM 技术的室内照明仿真模拟软件计算精度解析 [J]. 重庆大
学学报，2020，43（9）：9-23.

[15] 王帅，崔峰，陈证钢，等. 基于 BIM 的水运工程地质三维设计系统开发与应用 [J]. 水运工程，
2021（6）：200-205，237.

[16] 郑国勤，邱奎宁. BIM 国内外标准综述 [J]. 土木建筑工程信息技术，2012（1）：32-34，51.

[17] 赖华辉，邓雪原，刘西拉. 基于 IFC 标准的 BIM 数据共享与交换 [J]. 土木工程学报，2018，
51（4）：121-128.

[18] 施平望，林良帆，邓雪原. 基于 IFC 标准的建筑构件表达与管理方法研究 [J]. 图学学报，
2016，37（2）：249-256.

[19] 余芳强，张建平，刘强. 基于 IFC 的 BIM 子模型视图半自动生成 [J]. 清华大学学报（自然科学
版），2014，54（8）：987-992.

[20] Liebich T，Adachi Y，Forester J，et al. Industry foundation classes：IFC 2x edition 3 technical
corrigendum 1 [C]. International Alliance for Interoperability，2006.

[21] Caldas C H，Soibelman L，Gasser L. Methodology for the integration of project documents for
model based information systems [J]. Journal of computing in civil engineering，2005，19（1）：
25-33.

[22] Spearpoint M J，Dimyadi J A W. Sharing fire engineering simulation data using the IFC building in-
formation model [C] //MODSIM07，International Congress on Modelling and Simulation，Decem-
ber 10-13，2007，Christchurch，New Zealand.

[23] 张建平，余芳强，李丁．面向建筑全生命期的集成 BIM 建模技术研究 [J]．土木建筑工程信息技术，2012 (1)：6－14．

[24] 张建平，李丁，林佳瑞，等．BIM 在工程施工中的应用 [J]．施工技术，2012，41 (16)：10－17．

[25] 胡振中，陈祥祥，王亮，等．基于 BIM 的机电设备智能管理系统 [J]．土木建筑工程信息技术，2013，5 (1)：17－21．

[26] 王美华，高路，侯羽中，等．国内主流 BIM 软件特性的应用与比较分析 [J]．土木建筑工程信息技术，2017，9 (1)：69－75．

[27] 何关培．BIM 和 BIM 相关软件 [J]．土木建筑工程信息技术，2010，2 (4)：110－117．

[28] 许智钦，闫明，张宝峰，等．逆向工程技术三维激光扫描测量 [J]．天津大学学报（自然科学与工程技术版），2001，34 (3)：404－407．

[29] 程永志，马强，张磊刚．无人机倾斜摄影辅助 BIM＋GIS 技术在城市轨道交通建设中的应用研究 [J]．施工技术，2018，47 (17)：1－5，17．

[30] 芦志强，毕磊，王帅．VR、仿真与 BIM 技术在水运工程设计中的融合应用 [J]．水运工程，2019 (1)：146－149，184．

[31] 刘维跃，孔震，曾敏，等．基于 BIM 云平台的协同设计管理研究 [J]．价值工程，2017，36 (32)：68－71．

[32] 张云翼，林佳瑞，张建平．BIM 与云、大数据、物联网等技术的集成应用现状与未来 [J]．图学学报，2018，39 (5)：806－816．

[33] 何清华，潘海涛，李永奎，等．基于云计算的 BIM 实施框架研究 [J]．建筑经济，2012 (5)：86－89．

[34] 刘恒，虞烈，谢友柏．现代设计方法与新产品开发 [J]．中国机械工程，1999，19 (1)：81－83．

[35] 严隽琪．数字化与网络化制造 [J]．工业工程与管理，2000，5 (1)：8－11．

[36] 王可，黄元．CATIA V5 在水工金属结构设计中的应用 [J]．现代商贸工业，2008，20 (5)：357－358．

[37] 陈相楠，贾刚．基于 CATIA 的水工钢闸门组件库的创建 [J]．水电站设计，2009，25 (1)：13－16．

[38] 杨明松，贾刚．基于 CATIA 的水工金属结构型材库开发与应用 [J]．人民长江，2015 (13)：55－57，72．

[39] 李强，李谧，冉丽利．CATIA 文档模板在水工闸门设计中的应用 [J]．水电站设计，2015 (1)：5－9，27．

[40] 杨贵海，徐礼锋．基于 MS 的水工钢闸门三维设计 [J]．江淮水利科技，2015 (2)：12－13，37．

[41] 王可，陈智海，王蒂，等．基于 CATIA 的钢闸门参数化建模技术研究 [J]．人民长江，2016，47 (2)：32－35，41．

[42] 王蒂，李月伟，胡一亮．基于 CATIA 参数化钢闸门模型的工程分析与优化 [J]．人民长江，2016，47 (1)：56－58，69．

[43] 刘燕强，张延忠，朱建和．基于 Bentley Microsation 的水工钢闸门三维参数化设计 [J]．河北水利，2016 (9)：41－41，46．

[44] 焦磊．BIM 技术在某船闸工程金属结构设计中的应用 [J]．武汉勘察设计，2017 (5)：47－50．

[45] 邹今春，赵春龙，李岗，等．BIM 技术在乌东德水电站启闭机设计中的应用 [J]．制造业自动化，2019，41 (9)：93－96．

[46] 陈仲盛，焦磊．基于 INVENTOR 的桁架式叠梁闸门的结构分析 [J]．港口装卸，2018 (1)：15－17．

[47] 韩云峰，蔡一飞，王国花．CATIA V5 在平面闸门三维设计中的应用 [J]．水利与建筑工程学报，2018，16 (3)：197－200．

［48］ 杨贵海. 应用 ABD 进行水工钢闸门三维设计思路［J］. 江西水利科技，2018，44（3）：207－211.

［49］ 胡友安，周建方，苏洲，等. 基于 MICROSTATION 平台开发"平面闸门 CAD 软件"［J］. 水利水电快报，1997（16）：16－18.

［50］ 马麟，谢遵党，王春，等. 平面钢闸门计算机辅助设计系统的研究与开发［J］. 人民黄河，2001，23（11）：35－37.

［51］ 吴玉光，朱灯林，林仁荣，等. 平面钢闸门集成 CAD 软件设计［J］. 计算机辅助设计与图形学报，2001，13（1）：44－47.

［52］ 汪恩良，王秀芬，孙冬海. 露顶式平面钢闸门 CAD 软件开发［J］. 东北水利水电，2004，22（2）：44－45，51.

［53］ 徐国宾，周富满，高仕赵. 基于 VB 的平面钢闸门设计平台开发［J］. 水资源与水工程学报，2013（3）：7－9.

［54］ 魏群，魏鲁双，孙凯. BIM 技术在平板钢闸门三维设计软件研发中的应用［J］. 华北水利水电学院学报，2013，34（3）：5－8.

［55］ 魏鲁双，刘尚蔚. 云技术在钢结构工程软件开发中的应用［J］. 华北水利水电学院学报，2013，34（3）：16－18，62.

［56］ 李月伟，陈智海，齐文强. 水工钢闸门设计系统计算模块的编制［J］. 人民长江，2016，47（1）：48－50，55.

［57］ 刘细龙，陈福荣. 闸门与启闭设备［M］. 北京：中国水利水电出版社，2002.

［58］ 李晓延，武传松，李午申. 中国焊接制造领域学科发展研究［J］. 机械工程学报，2012，48（6）：19－31.

［59］ 国家能源局. 水电工程钢闸门设计规范：NB 35055—2015［S］. 北京：中国电力出版社，2016.

［60］ 古华，严根华. 水工闸门流固耦合自振特性数值分析［J］. 振动、测试与诊断，2008，28（3）：242－246.

［61］ 赵春龙，王正中，王明疆，等. 深孔平面钢闸门挡水布置形式的受力特性比较［J］. 水力发电学报，2018，37（1）：11－20.

［62］ 赵春龙，翟超，李岗，等. 高水头导流洞封堵闸门静动力特性有限元分析［J］. 西北水电，2020（增刊 1）：104－108.

［63］ 王正中，张雪才，刘计良. 大型水工钢闸门的研究进展及发展趋势［J］. 水力发电学报，2017，36（10）：1－18.

［64］ 张雪才，王正中，孙丹霞，等. 中美水工钢闸门设计规范的对比与评价［J］. 水力发电学报，2017，36（3）：78－89.

［65］ 范崇仁，徐德新. 水工钢闸门可靠度的分析［J］. 水力发电，1992（8）：34－39.

［66］ 周建方，李典庆. 水工钢闸门结构可靠度分析［M］. 北京：中国水利水电出版社，2008.

［67］ 李典庆，吴帅兵. 水工平面钢闸门主梁多失效模式相关的系统可靠度分析［J］. 水利学报，2009，40（7）：870－877.

［68］ 李典庆，吴帅兵. 现役水工钢闸门锈蚀速率的统计分析［J］. 武汉大学学报（工学版），2007，40（2）：79－83.

［69］ 严根华，阎诗武，樊宝康，等. 高水头大尺寸闸门流激振动原型观测研究［J］. 水力发电学报，2001（4）：65－75.

［70］ 严根华，阎诗武. 弧形闸门结构的动力可靠性及抗振设计［J］. 水利水运科学研究，2000（1）：8－13.

［71］ 王文武，王正中，赵春龙，等. CAD/CAE 技术在钢闸门数字化设计中的应用［J］. 水力发电，2019，45（9）：120－125.

［72］ 钱德拉佩特拉 TR，贝莱冈度 AD. 工程中的有限元方法［M］. 4 版. 曾攀，雷丽萍，译. 北京：

机械工业出版社，2014.

[73] 王新敏. ANSYS 工程结构数值分析 [M]. 北京：人民交通出版社，2007.

[74] 王文武. 基于 BIM 技术的平面钢闸门设计系统开发 [D]. 杨凌：西北农林科技大学，2019.

[75] 翟超. 弧形钢闸门数字化设计程序开发 [D]. 杨凌：西北农林科技大学，2019.

[76] 李善平，肖培伟，唐茂颖，等. 基于智慧工程理念的双江口水电站智能地下工程系统建设探索 [J]. 水力发电，2017，43（8）：67-70，111.

[77] 王德宽，张煦，文正国，等. 面向智慧水电厂的 iP9000 智能一体化平台 [J]. 水电站机电技术，2019，42（3）：5-8，15.

[78] 尹峰，陈波，苏烨，等. 智慧电厂与智能发电典型研究方向及关键技术综述 [J]. 浙江电力，2017，36（10）：1-6，26.

[79] 刘吉臻，胡勇，曾德良，等. 智能发电厂的架构及特征 [J]. 中国电机工程学报，2017，37（22）：6463-6470.

[80] 李增焕，毛崇华，杨铖，等. 大型灌区智慧灌溉系统开发与应用 [J]. 中国农村水利水电，2019（2）：108-112，118.